納豆の研究法

Investigative approach to NATTO

木内 幹 監修
永井利郎・木村啓太郎・
小高要・村松芳多子・渡辺杉夫 編

恒星社厚生閣

序

　糸引き納豆は，日常食卓に上る親しみのある発酵食品であり，国民の健康に欠かせない食品である．昔は，煮た大豆と稲わらで納豆を作っていた．明治時代以降，納豆に関する科学の知識が蓄えられ，家内工業的な納豆生産は工場での大量生産へと発展した．その技術体系は山崎百治・三浦二郎によって1949年に『納豆の合理的製造法』としてまとめあげられた．その後，納豆をはじめとする発酵食品の微生物管理に力点を置いた『発酵食品の微生物管理技術』(1967年)，納豆を産業の点から総括した『納豆沿革史』(1975年)，納豆の標準的な試験法を集めた『納豆試験法』(1990年)，納豆に関する研究を概説した『納豆の科学』(2008年)などの良書が上梓され，多くの論文とともに納豆製造・品質管理の近代化，さらに機能性研究の展開などに貢献してきた．

　製造・品質管理のための研究については，これら優れた成書を紐解けばよいのであるが，現在話題となっている機能性食品や遺伝子組換え食品などの研究についての実験書がなく，これらに関する最新の実験書が求められていた．そこで，現在納豆の研究に携わっている方々にお願いして，研究マニュアルを出版することを計画した．本書は，製造や品質管理についても最新の手法・情報を盛り込むのと同時に，機能性や分子遺伝学的手法にも重点をおき，納豆製造に携わっている方々，そして，納豆のこれからの可能性を研究したい方々の手に取ってもらえるように企画されたものである．納豆の研究，開発および利用はこれまでも成長を続けてきたが，これからもその成長は続いていくであろう．その成長の一助となれば，執筆者一同この上ない喜びである．本書の特色の1つに，実際に販売されている納豆の開発プロセスの解説がある．商品開発は企業秘密に関わるところであり，ここまで情報を提供していただいた各社に御礼申し上げたい．

　最近私どもはお二人の先達を亡くした．納豆菌の系統解析に活用されている挿入配列(IS)の発見やポリグルタミン酸生産制御系の解明など納豆研究に多大な功績を残された伊藤義文博士(当時 東北大学教授)が2008年10月にご逝去され，そして味噌，キネマをはじめとする大豆発酵食品研究に従事してこられた新國佐幸博士(当時 畜産草地研究所研究管理監)が2009年8月にご逝去されました．お二人のご冥福を衷心よりお祈りいたしますとともに，お二人

に本書を謹んで捧げます．
　末筆ながら，ご多忙にもかかわらずご協力いただいた執筆者の皆様と出版を快くお引き受けくださった株式会社恒星社厚生閣社長片岡一成氏に編集委員一同心から深甚なる謝意を表します．

2009 年 11 月
編集委員一同

ご使用に際して

　本書は実験・操作のマニュアルとして企画されたものである．実際に実験台に置いて使用されることを目指している．ただし，紙面が限られているので，実験の部の器具・試薬のところでは，よく使われるものについてはリストアップを省略している．器具としては，冷却遠心分離機（ローター含む），分光光度計，振とう培養器，恒温器，冷蔵庫，冷凍庫，pHメーター，純水製造装置，オートクレーブ，乾熱滅菌器，製氷器，クリーンベンチ（ガスバーナー，殺菌灯含む），電気泳動装置などの機器類，パソコンなど情報処理関連の装置およびその一般的な周辺機器，通常の試験管，シリコ栓や試験管用アルミキャップ，プラスチックシャーレ，ピペット，チップ，プラスチックチューブ（遠心分離用を含む），スライドグラス，カバーグラス，白金耳，コンラージ棒などのラボウェア，試薬としては，単純な組成の試薬（操作の部に直接明記）などを省略している．

　個々の器械の操作法およびキットの使用法については，それぞれの取扱説明書を参照いただきたい．滅菌法，培養法，クリーンベンチ内での無菌操作については「食品衛生学実験―第二版」（恒星社厚生閣）をはじめとする市販の微生物の実験書を，また，一般的な分子遺伝学の実験法（制限酵素による切断など）については市販の実験マニュアルをご覧いただきたい．

　それぞれのテーマについては簡単に解説をしているが，より理解を深めたい方には納豆研究の最前線をとりまとめた『納豆の科学―最新情報による総合的考察―』（建帛社）をお薦めする．

執筆者一覧

| 監修 | 木内　幹 | 共立女子大学 |

編集委員
代表	永井利郎	（独）農業生物資源研究所
副代表	木村啓太郎	（独）農研機構・食品総合研究所
	小高　要	（財）日本食品分析センター
	村松芳多子	新潟県立大学
	渡辺杉夫	東亜発酵食品研究所

執筆者（以下五〇音順）

稲津康弘	（独）農研機構・食品総合研究所	田中直義	共立女子短期大学
鵜飼紀幸	タカノフーズ（株）	辻仲眞康	自治医科大学附属さいたま医療センター
管野彰重	E. R. S.	富岡啓介	（独）農業生物資源研究所
木内　幹	共立女子大学	中村宗知	（財）日本食品分析センター
木村啓太郎	（独）農研機構・食品総合研究所	永井利郎	（独）農業生物資源研究所
		長谷川裕正	茨城県工業技術センター
古口久美子	栃木県産業技術センター	菱山　隆	（財）日本食品分析センター
小高　要	（財）日本食品分析センター	古井　聡	（独）農研機構・食品総合研究所
後藤浩文	（財）日本食品分析センター		
渋谷寛人	センス（株）	細井知弘	東京都立食品技術センター
嶋影　逸	（株）ヤマダフーズ	三星沙織	愛国学園短期大学
白岩雅和	茨城大学	宮尾茂雄	東京家政大学
進藤久美子	（独）農研機構・食品総合研究所	宮ノ下明大	（独）農研機構・食品総合研究所
須見洋行	倉敷芸術科学大学	宮間浩一	栃木県産業技術センター
角野政裕	あづま食品（株）	村松芳多子	新潟県立大学
早田邦康	自治医科大学附属さいたま医療センター	山西倫太郎	徳島大学大学院
		吉岡邦明	（株）T.M.L.
竹村　浩	（株）ミツカングループ本社	渡辺杉夫	東亜発酵食品研究所

＊農研機構：農業・食品産業技術総合研究機構

目　次

序 iii
ご使用に際して v
執筆者一覧 vii

第1章　納豆菌の研究法
1. 分離法 1
2. 生理学的同定法 3
   2.1. 同定試験法 4
   2.2. Bergey の分類書における *Bacillus subtilis* の菌学的性質 9
3. 分子遺伝学的同定法 9
   3.1. 16S rRNA 遺伝子の塩基配列解析による菌種推定法 9
   3.2. RAPD 解析による枯草菌・納豆菌の菌株識別法 11
4. 突然変異法 13
5. スターター調製 15
6. 遺伝子組換え実験法 17
   6.1. 自然形質転換能による遺伝子組換え 17
   6.2. インテグレーション用プラスミドの利用 18
7. 挿入配列実験法 20
8. 形質導入法 23

第2章　外国での納豆様食品の採集法
1. 生物多様性条約に沿った海外遺伝資源へのアクセス 27
   1.1. 遺伝資源と生物多様性条約の関係 27
   1.2. 海外遺伝資源へのアクセスの仕方 28
   1.3. 遺伝資源に関わる今後の国際動向 29
2. 東南アジア地区での調査と採集 31
   2.1. 微生物資源研究の特殊性 31
   2.2. 事前調査 32
   2.3. 国内の旅行社，現地の旅行社 33
   2.4. 現地における行動 34
3. 中国での調査と採集 37
   3.1. 中国における調査について 37
   3.2. 現地における行動 38

  3.3. 調査・採集例 …………………………………………………………… 38
 4. 納豆様食品の菌叢とその性質 ……………………………………………… 40
  4.1. 収集検体からの *Bacillus* 属細菌の分離 ……………………………… 40
  4.2. 分離菌の簡易同定 ……………………………………………………… 41
  4.3. 酵素生産性 ……………………………………………………………… 44
  4.4. RAPD-PCR …………………………………………………………… 45

第3章　納豆製造法
 1. 概説 …………………………………………………………………………… 47
 2. 恒温器を用いる研究室規模の製造 ………………………………………… 49
 3. 自動納豆製造装置を用いる小規模製造 …………………………………… 54
 4. 納豆（固体）発酵のガスモニタリング …………………………………… 57
  4.1. 発酵室ガスモニタリング（A）の測定パラメータおよび算出パラメータ … 57
  4.2. ガス計測の利用法 ……………………………………………………… 57
  4.3. 納豆パック内の酸素濃度モニタリング詳細説明 …………………… 58

第4章　品質管理
 1. 原料大豆 ……………………………………………………………………… 61
  1.1. 加工適性 ………………………………………………………………… 61
  1.2. 成分組成 ………………………………………………………………… 68
 2. 納豆の臭い成分分析 ………………………………………………………… 80
 3. 物性 …………………………………………………………………………… 86
  3.1. 蒸煮大豆の硬さ試験法 ………………………………………………… 86
  3.2. 納豆の硬さ試験法 ……………………………………………………… 87
  3.3. 納豆粘質物の粘り試験法 ……………………………………………… 88
 4. 色調 …………………………………………………………………………… 89
 5. 微生物汚染対策 ……………………………………………………………… 91
  5.1. 納豆における微生物汚染 ……………………………………………… 92
  5.2. 一般的衛生管理 ………………………………………………………… 93
  5.3. 接種用納豆菌における微生物汚染対策 ……………………………… 94
  5.4. 製造環境の衛生管理 …………………………………………………… 95
  5.5. 機械・器具類の衛生管理 ……………………………………………… 95
  5.6. 作業員の衛生管理 ……………………………………………………… 95
 6. 害虫対策 ……………………………………………………………………… 96
  6.1. 害虫の種類と解説 ……………………………………………………… 96
  6.2. 害虫対策 ………………………………………………………………… 98

- 7. バクテリオファージ対策 …… 102
  - 7.1. 納豆菌ファージのタイピング …… 102
  - 7.2. 汚染対策 …… 104
- 8. 異物除去・検出法 …… 106
  - 8.1. 異物除去法 …… 107
  - 8.2. X 線異物検査装置 …… 108
- 9. 遺伝子組換えダイズ分析法 …… 109
  - 9.1. 実験を行なう際に留意すべきこと …… 109
  - 9.2. 納豆の分析法 …… 110
  - 9.3. ダイズ原料の分析法 …… 120
- 10. 残留農薬 …… 122
  - 10.1. GC-MS 一斉試験法 …… 122
  - 10.2. LC-MS 一斉試験法 (I) …… 124
  - 10.3. LC-MS 一斉試験法 (II) …… 127
- 11. ストラバイトの検出方法 …… 130

第5章 機能性成分分析法

- 1. 粘質物 …… 133
  - 1.1. PGA の定量 (CET 法) …… 133
  - 1.2. レバンの定量 …… 135
- 2. イソフラボン …… 136
- 3. ポリアミン …… 140
- 4. サポニン …… 143
- 5. ミネラル …… 146
  - 5.1. 試料溶液調製法 …… 147
  - 5.2. 測定法 …… 149
- 6. 脂肪酸 …… 151
- 7. ビタミン K …… 154
- 8. ナットウキナーゼ …… 158
- 9. 血液凝固—線溶活性 …… 160
- 10. 大豆アレルゲン …… 163
  - 10.1. 納豆等のタンパク質の抽出と定量 …… 164
  - 10.2. イムノブロッティング …… 167
  - 10.3. RIA (ラジオイムノアッセイ) 阻害法 …… 171
- 11. 腸内菌叢解析法 …… 173
  - 11.1. 培養法による腸内菌叢の解析 …… 173
  - 11.2. PCR-DGGE 法による腸内菌叢の解析 …… 174

11.3. 定量的 PCR 法による腸内菌叢の解析 ……………………………………………… 175

第6章　官能評価とアンケート調査
1. 官能評価 ………………………………………………………………………………… 177
2. アンケート調査 ………………………………………………………………………… 181
3. 統計処理法 ……………………………………………………………………………… 183

第7章　製品開発事例
1. 低臭納豆の開発 ………………………………………………………………………… 189
   1.1. 香りの標的 ………………………………………………………………………… 189
   1.2. bcfa 低生産納豆菌の開発 ………………………………………………………… 189
   1.3. bcfa 低含有納豆の品質評価 ……………………………………………………… 190
   1.4. 商品化に向けて …………………………………………………………………… 191
   1.5. 「金のつぶ・におわなっとう」…………………………………………………… 191
2. 発酵コラーゲン納豆の開発 …………………………………………………………… 192
   2.1. 開発発想の原点 …………………………………………………………………… 192
   2.2. 消費者調査の開始 ………………………………………………………………… 192
   2.3. 規格設定 …………………………………………………………………………… 192
   2.4. 商品の特徴 ………………………………………………………………………… 193
   2.5. ヒト摂取試験 ……………………………………………………………………… 193
   2.6. 販売促進 …………………………………………………………………………… 194
3. 黒豆納豆の開発 ………………………………………………………………………… 195
   3.1. 原料大豆の育種 …………………………………………………………………… 195
   3.2. 納豆製造 …………………………………………………………………………… 196
   3.3. 添付品 ……………………………………………………………………………… 197
4. 特許概要 ………………………………………………………………………………… 197
   4.1. 納豆製造に関するもの …………………………………………………………… 198
   4.2. 納豆菌の利用に関するもの ……………………………………………………… 198
   4.3. γ-ポリグルタミン酸, ビタミン K, ナットウキナーゼなどの納豆菌生産物に関するもの … 199

資料　だいずとだいず発酵食品の成分分析表 ……………………………………………… 200

索　引 ……………………………………………………………………………………………… 203

第1章

納豆菌の研究法

1. 分離法

　納豆菌を自然界の食品，草木，あるいは土壌等から分離する方法として，平板塗抹法や平板混釈法がある．平板塗抹法は，培地の準備に手間がかかるが，培地の表面にコロニーが形成されるため釣菌が容易である．平板混釈法は，培地の準備や操作は容易であるが，培地深部にもコロニーが形成されるため釣菌しにくい場合がある．本法は主に食品からの分離[1)]を念頭においたものである．

【器　具】
　ホモジナイザー（AM-3型，日本精機製作所），ホモジナイザー用カップとカッター（30 ml容，アルミ箔で包んで滅菌しておく）．

【培　地[*1]】
・NBP寒天培地（0.5％塩化ナトリウム，1％ビーフエキス［Difco］[*2]，1％ファイトンペプトン［BBL］，2％寒天，pH 7.0）[2)]または普通寒天培地．

【方　法】
1) 試料約1.0 gを滅菌したホモジナイザーのカップに入れる．ホモジナイザーの水槽には氷水を入れて冷却する．
2) 10倍量の滅菌生理的食塩水を加えて12000 rpmで5分間ホモジナイズする．
3) その懸濁液1.0 mlを滅菌生理的食塩水でさらに10倍系列で段階希釈する．菌数が多いことが予想される場合には，希釈段階を多めに設定

する．
4) 希釈液を ⅰ) 平板塗抹法または ⅱ) 平板混釈法で平板培地に接種する．各段階の希釈液につき 2〜4 枚の平板を用意する．

ⅰ) 平板塗抹法
 a) あらかじめ平板培地を作成し，表面を乾燥させて準備しておく[*3]．
 b) 各段階の希釈液を滅菌メスピペットで平板培地上に 0.1 ml とり，滅菌コンラージ棒で均一に塗抹する．
 c) フタを下にして 30 ℃の恒温器で 24〜48 時間培養する．

ⅱ) 平板混釈法
 a) あらかじめ試験管に試料接種用の培地を約 20 ml ずつ分注して滅菌し，使用時には溶解した状態で約 50〜55 ℃程度に保温しておく．または，三角フラスコ等に数枚分（約 20 ml/枚）をまとめて調製して滅菌し，同様に保温しておく．
 b) 各段階の希釈液を滅菌メスピペットで滅菌シャーレに 1 ml とり，そこに保温しておいた培地を流し込み，フタに付かないように均一に手早く混釈する．
 c) 混釈後培地が固まったら，フタを下にして 30 ℃の恒温器で 24〜48 時間培養する．

5) 平板に生育したコロニーのうち，独立しているコロニーを白金耳で釣菌して新しい平板培地上に画線塗抹し，さらに 30 ℃の恒温器で培養する．
6) 目的のコロニーのうち独立したコロニーをさらに釣菌して再度新しい培地に画線塗抹し，同様に培養する．この操作をもう一度繰り返して純粋分離とする．
7) 純粋分離したコロニーは，斜面培地に接種して保管する．

【備　考】
[*1] 平板培地は，試料接種用と純粋分離用（方法 5)〜6) の部分）が必要である．すなわち，試料接種用として希釈段階に応じてその 2〜4 倍の枚数を使用し，加えて純粋分離用として釣菌するコロニー数の 3 倍の枚数が最低必要であるので，培地調製の際にまとめて調製しておくとよい．
[*2] ビーフエキスの入手が困難な場合は，エールリッヒカツオエキスで代用．
[*3] 平板塗抹法における培地への接種では，培地の乾燥が不十分であると，塗

抹した菌液が培地に浸み込まず独立したコロニーが得られない可能性がある．逆に乾燥させすぎた培地では，塗抹前に菌液が培地に浸み込んでしまい均一に広げることが困難なため独立したコロニーを得にくい．

【文　献】
1) 三星沙織・田中直義・村橋鮎美ら：「食科工」54，2007，528-538．
2) Sulistyo, J., N. Taya, K. Funane et al.：*Nippon Shokuhin Kogyo Gakkaishi*, 35, 1988, pp278-283.

(三星沙織)

2. 生理学的同定法

　納豆菌は，Bergeyの検索書第7版で，枯草菌（*Bacillus subtilis*）に属するものとされた．その後出版された同検索書第8版，同分類書初版[1]，同検索書9版でも同じく枯草菌に属している．ここでは，分類書[1]に基づいて枯草菌の同定法を述べる．その試験法は，「The Genus *Bacillus*[2]」を基礎にしているので，ここには同定の主な項目についてその試験法を記述する．

　枯草菌が，納豆菌であるかどうかを判定するとき，我々はまず枯草菌であると同定したうえで，その菌で実際に納豆を製造してその臭いを調べて納豆臭を発するかどうかを官能評価し，さらに糸引き・風味を検討することにしている．

【器　具】
　位相差顕微鏡

【試　薬】
　それぞれの試験ごとに記載した．培地は，Difco社製またはBBL社製を使用する．

【方　法】
　文献の方法を厳守することが必要である．一般に培養温度は30℃である．培養期間は各試験に指定された期間である．以下に，試験ごとに方法を記述する．

2.1. 同定試験法
(1) 菌体の実長測定（生体染色）
【培地と培養】
- 土壌エキス：山の土（肥料を散布していない場所の土）を薄く広げて風乾し，その 400 g と水道水 960 ml を混合し，120 ℃，1 時間オートクレーブにかける．冷却後デカントして上澄液をろ過する．
- 土壌エキス寒天（Soil Extract Agar, SEA）培地：ペプトン 5 g，牛肉エキス 3 g，寒天 15 g，水道水 750 ml，土壌エキス 250 ml，pH 7.8.
- サフラニン染色液：サフラニン O 0.25 g，エタノール（95 %）10 ml，蒸留水 100 ml を混合した後，ろ紙でろ過して使用する．

【観　察】
1) SEA 培地に 18～24 時間培養した菌体を用いる．
2) スライドグラスに滅菌蒸留水を置き，白金線で採った菌体を付け，風乾する（加熱固定しないこと）．
3) サフラニン染色液を 1 滴滴下し，30 秒間染色した後，顕微鏡観察する．ミクロメーターで菌体の幅と長さを測定する．

(2) 胞子観察法
【観　察】
　SEA 培地で培養した定常期の菌体を，位相差顕微鏡で観察する．胞子はピカピカ光っているように明るく見える．栄養細胞の部分はやや暗く見えるので，胞子と栄養細胞は容易に見分けることができる．

(3) グラム染色
【試　薬】
- グラム染色液：溶液 A（クリスタルバイオレット 2 g，エタノール［95 %］20 ml）と溶液 B（シュウ酸アンモニウム 0.8 g，蒸留水 80 ml）を混ぜて使用する．
- ルゴール液：I$_2$ 1 g，KI 2 g，蒸留水 300 ml
- サフラニン染色液：「(1) 菌体の実長測定」参照
- 95 % エタノール

【供試菌】
　菌株保存機関から *Escherichia coli* と *Staphylococcus aureus* の菌株を取得し，それぞれグラム陰性とグラム陽性の対照として使用する．

【方　法】
　ⅰ）グラム染色
　　1）カバーグラス，スライドグラスはアルコールから出して火炎滅菌する．
　　2）スライドグラスの数ヵ所に無菌水を1滴ずつ落とし，白金線で各供試菌の菌体を少量とる．そのとき，菌体を無菌水と混合せず，白金線を無菌水につけるだけにする．
　　3）自然乾燥または風乾させる．
　　4）グラム染色液を滴下し，1分間染色する．
　　5）約10秒間水洗する（スライドグラスの裏側から）．
　　6）ルゴール液に1分間浸す．
　　7）水洗後，ろ紙で十分に脱水する．
　　8）95％エタノール液中でゆるやかに揺り動かし，過剰の色素を除く．この時間が長いとグラム陽性菌も脱色されるので，対照の菌を指標として脱色時間を調整する．
　ⅱ）対比染色
　　8）の処理を行なった試料にさらに次の処理を行なう．
　　9）サフラニン染色液を滴下し，10秒間対比染色する．
　　10）水洗し，乾燥後，検鏡する．
【注意点】
　菌体は培養して対数期の状態のものを使用する．水洗は十分に行なう．菌体量は多すぎないようにする．
（4）カタラーゼ反応
【培地と培養】
　SEA培地をスラントにして使用する．1日培養する．
【観　察】
　菌体を1白金耳（白金製を使用）シャーレに採って，10％過酸化水素水0.5 mlをかける．泡が出たら陽性（＋），出なかったら陰性（－）である．
【注意点】
　接種器具に鉄が含まれていると泡が出て（＋）と誤判定する．

(5) 嫌気的条件での増殖
【培　地】
　Anaerobic agar：トリプチケース20 g，塩化ナトリウム5 g，寒天15 g，チオグリコール酸ナトリウム1 g，フォルムアルデヒドスルフォキシレートナトリウム1 g，蒸留水1 l，pH 7.2，BBL製市販品あり．
【培養と観察】
　NA培地（Nutrient Agar）から1白金耳採ってAnaerobic agarに穿刺培養．45 ℃で3日，7日培養し，または45 ℃以上では1日，3日培養して増殖を観察する．培地の底部に増殖していたら（＋），していなかったら（－）とする．

(6) 糖・糖アルコールからの酸生成
【培地と培養】
　　・基礎培地：$(NH_4)_2HPO_4$ 1 g，KCl 0.2 g，$MgSO_4・7H_2O$ 0.2 g，イーストエキス0.2 g，寒天15 g，蒸留水1 l，pH7.0．pH調整後ブロムクレゾールパープル（BCP）0.04 %（w/v）を添加する．
　　・糖液：それぞれ次の糖または糖アルコールの10 %液を調製し，メンブランフィルター（孔径0.45 μm）で無菌的にろ過する．D(＋)-グルコース，L(＋)-アラビノース，D(＋)-キシロース，D(－)-マンニトール．
　基礎培地に糖液をそれぞれ最終濃度0.5 %になるように添加して培地とする．培養7，14日目に増殖と酸生成（BCPの青色が黄色に変化）を観察する．
【観　察】
　酸生成が観察されれば（＋）とする．

(7) クエン酸・プロピオン酸の資化性
【培地と培養】
　Koserのクエン酸塩寒天培地：次のように原法に修正を加えて調製する．クエン酸ナトリウム2 gまたはプロピオン酸ナトリウム2 g，塩化ナトリウム1 g，硫酸マグネシウム・7水塩0.2 g，リン酸二アンモニウム0.5 g，寒天15 g，蒸留水1 l．さらに0.04 %（w/v）フェノールレッド溶液20 mlを加えて，オートクレーブにかける前にpH 6.8に調整する．
　クエン酸塩寒天培地のスラントに菌を接種し，14日間培養する．
【観　察】
　培地が赤色に変化したときは，酸が利用されたものとして（＋）とする．

(8) チロシンの分解
【培地と培養】
　L-チロシン 0.5 g を蒸留水 10 ml に懸濁し，オートクレーブにかけて，滅菌したニュートリエントアガー（NA 培地）100 ml に懸濁する．10 枚のシャーレに分注し，平板培地を作成し，乾燥する．菌を割線接種し，7～14 日間培養する．
【観　察】
　培養後チロシンの結晶がなくなり，培地が透明になれば（＋）とする．

(9) 硝酸塩還元性
【培地と培養】
　・スラント：ペプトン 5 g，肉エキス 3 g，KNO_3 1 g，蒸留水 1 l，pH 7.0 に調整．試験管に分注し，滅菌後スラントを作成．
　・A 液：スルファニル酸 8 g，5 M 酢酸（氷酢酸 1：蒸留水 2.5）1 l
　・B 液：ジメチル-α-ナフチルアミン 6 g，5 M 酢酸 1 l．
　スラントで 3，7，14 日間培養し，A 液と B 液を 3 滴ずつ滴下する．
【観　察】
　3 日目または 7 日目に赤色になれば（＋）．14 日目に反応が（－）のときは，Zn 末を加えて赤色になれば（＋），無色のままなら（－）とする（すなわち，還元反応が進みすぎた結果であるから，Zn 末により化学反応で亜硝酸を生成させる）．

(10) 増殖の pH 依存性
【培地と培養】
　1）pH 6.8 での増殖：ニュートリエントブロス（NB，pH は 6.8 に調整されている）で培養する．
　2）pH 5.7 での増殖：次の 2 つの培地を用いて培養する．サブローデキストロース寒天培地（ネオペプトン 10 g，グルコース 40 g，寒天 15 g，蒸留水 1 l，pH 5.7）を滅菌してスラントを作成する．また，サブローデキストロースブロス培地（ネオペプトン 10 g，グルコース 20 g，蒸留水 1 l，pH5.7）を調製する．培養は，NB に培養した菌体を上記の両培地に接種して 2 週間行なう．
【観　察】
　増殖すれば（＋）とする．

(11) 塩化ナトリウム存在下における増殖
【培地と培養】
　NB に NaCl を 0, 2, 5, 7, 10 %（w/v）添加する．培養 7 日目と 14 日目に観察．
【観　察】
　増殖すれば（+）とする．

表 1-1 　*Bacillus subtilis* の菌学的性質

形態学的性質	○菌体の直径が 1.0 μm を超える		○胞子は円形	−
	○Sporangium（胞子を体内にもつ栄養細胞）は膨らんでいる	−	○グラム染色	+
培養学的性質	○嫌気的培養で増殖	−		
生理学的性質	○カタラーゼ反応		+	Voges-Proskauer テスト	+
	V-P 培地における増殖	<pH6	d	○クエン酸の資化性	+
		>pH7	−	○プロピオン酸の資化性	−
	○糖・糖アルコールからの酸生成	D-グルコース	+	○チロシンの分解	−
		L-アラビノース	−	フェニルアラニンの脱アミノ化	−
		D-キシロース	+	卵黄レシチナーゼ	−
		D-マンニトール	+	○硝酸塩の還元性	+
	塩化ナトリウムと塩化カリウム要求性		−	インドールの生成	−
				ジヒドロキシアセトンの生成	+
	アラントインまたは尿酸要求性		−	○増殖の pH, nutrient broth	pH6.8, pH5.7	+
	増殖の温度依存性	5 ℃	−		
		10 ℃	d	○NaCl 存在下における増殖	2 %, 5 %, 7 %	+
		30 ℃, 40 ℃, 50 ℃	+		10 %	ND
		55 ℃, 65 ℃	−	リゾチーム存在下における増殖	d
	H₂+CO₂ または CO 存在下における独立栄養的増殖		−		

−；供試菌の 90 % 以上が陰性，+；供試菌の 90 % 以上が陽性，d；供試菌の 11〜89 % が陽性，ND；データなし
○は試験法を上述した項目

2.2. Bergeyの分類書[1]における *Bacillus subtilis* の菌学的性質

表1-1の項目は分類書[1]記載の菌学的性質である．*Bacillus subtilis* としては分類書に記載された形態学的性質と培養学的性質がすべて一致している必要がある．生理学的性質の中には一致しないものもあるが，大部分の生理学的性質は一致する．

【文　献】

1) Claus, D. and R.C.W. Berkeley : *Bergey's Manual of Systematic Bacteriology*, Vol. 2, edited by Sneath, P. H. A., et al., Williams & Wilkins, Baltimore, 1986, pp1104-1139.

2) Gordon, Ruth, E., W.C. Haynes and C. H-N.Pang, *The Genus Bacillus*, Agricultural Research Services, U. S. Dept. of Agriculture, Washigton, D.C., 1973, pp1-14, pp36-40.

（木内　幹）

3. 分子遺伝学的同定法

本節では，菌株の属・種の推定法（3.1）と，複数の納豆菌株の相互識別法（3.2）を紹介する．菌種推定には，一般に，真正細菌や古細菌では16S rRNA遺伝子（16S rDNA）の塩基配列を調べるが，その他の遺伝子の塩基配列を利用する方法についても研究が進められている．菌株識別には，RAPD（Randomly Amplified Polymorphic DNA）解析や，パルスフィールドゲル電気泳動（Pulsed-Field Gel Electrophoresis, PFGE）が多用されるが，現在日本で工業的に使用されている納豆菌株の識別についてのPFGE利用例は報告されていない．

3.1. 16S rRNA遺伝子の塩基配列解析による菌種推定法[1]

クローニングを行なわずに，サイクルシークエンス法により解析する方法の例を紹介する．使用機器・試薬により詳細は異なるので，方法の概略のみを紹介する．なお，納豆菌は枯草菌に含まれることから，本法で納豆菌を解析すると，「枯草菌 *Bacillus subtilis*」と推定される結果が得られる．本法では，近縁の *B. amyloliquefaciens* との区別も可能である．

【器　具】

サーマルサイクラー（遺伝子増幅装置），DNAシークエンサー，ビーズ式細胞破砕機

表 1-2　16S rRNA 遺伝子の塩基配列解析に使用するプライマーの例

名称	配列（5'-3'）	名称	配列（5'-3'）
10F	agtttgatcc tggctc	357R	ctgctgcctc ccgtag
341F	cctacgggag gcagcag	536R	gtattaccgc ggctgctg
515F	gtgccagcag ccgcggt	800R	ctaccagggt atctaat
785F	ggattagata ccctggtagt c	1115R	agggttgcgc tcgttg
1099F	gcaacgagcg caaccc	1541R	aaggaggtga tccagcc

【試　薬】

　DNA 抽出用試薬（RNA を抽出し，逆転写反応により cDNA を得て解析する方法もある），16S rDNA 領域特異的プライマー（表 1-2），PCR 用試薬，アガロースゲル電気泳動用試薬（分子量マーカーを含む），PCR 増幅産物精製試薬，サイクルシークエンス反応用試薬，同反応生成物質の精製試薬，DNA シークエンシング用試薬

【方　法】

1) 新鮮な培養菌体から，DNA 抽出用試薬を用いてゲノム DNA を抽出する．

2) 解析しようとする 16S rDNA 領域に応じて，プライマー対（例．10 F と 1541 R，または 10 F と 536 R など，表 1-2）を選択して PCR を実施する（アニーリングは 55 ℃前後にて）．得られた増幅産物についてアガロースゲル電気泳動を行ない，増幅が良好なことを確認した後，増幅産物（PCR チューブ内反応溶液，またはゲルより切り出した DNA 断片）の精製を行なう．

3) 解析する 16S rDNA 領域に応じてプライマー（濃度に注意，上記 2 で用いるプライマーの濃度の約 1/10）を選択し（例．16S rDNA のトップ領域［約 500 bp］の解析であれば 10 F と 536 R をそれぞれ単独で用いる，また 16S rDNA ほぼ全域［約 1500 bp］の解析であれば表 1-2 のプライマーすべてをそれぞれ単独で用いる），サイクルシークエンス反応を行ない，生成物質を精製するなどして，複数のシークエンス用試料を調製する．

4) DNA シークエンサーを用いて各試料の塩基配列を解析し，得られた複数のデータを連結（アセンブリング），インターネット上の DNA データバンク（DDBJ［DNA Data Bank of Japan］等）にて BLAST 解

析等を行ない，既登録の塩基配列との相同性検索を行なう．

【備　考】
1) 一般に，ゲノム上には，複数の 16S rRNA 遺伝子（16S rDNA）が存在し，菌種によっては数～数十塩基程度の相違がみられる場合もある．上記の 16S rDNA を用いる方法では，その混合物を解析することとなる．別法として，RNA を抽出した後，逆転写酵素を用いて cDNA を合成し，その塩基配列を解析することもある．
2) 16S rDNA の塩基配列解析用に至適化された PCR 試薬，プライマー，サイクルシークエンス用試薬のセット製品が市販されている．
3) 各種微生物の基準株の 16S rDNA の塩基配列を収録したデータベースが相同性検索用に市販されている．
4) 枯草菌のうち，納豆菌とされる菌種は挿入配列 IS4Bsu1 因子を有することが多いと思われ[2]，その保持の有無を PCR 確認することも納豆菌の確認に有効と思われる（「1 章 7. 挿入配列実験法」参照）．

3.2. RAPD 解析による枯草菌・納豆菌の菌株識別法

RAPD 解析は，複数の菌株より抽出したそれぞれのゲノム DNA を鋳型として，10 塩基ほどの長さの特異性の低いプライマー（RAPD プライマー）1 種を用いて PCR を行ない，その増幅産物（通常，複数のバンドが生じる）の差異を電気泳動で確認することにより，ゲノム DNA の差異，ひいては菌株の識別を行なう方法である．RAPD プライマーの塩基配列や，PCR 用試薬，PCR 条件の検討・選択が結果を左右する．

枯草菌や納豆菌，その他の *Bacillus* 属細菌に対して，RAPD 法による菌株識別の試みが報告されており，使用されたプライマーの例と方法の概要を紹介する（【方法 1】）．しかしながら，日本で工業的に使用されている納豆菌は，相互に近縁でゲノム構造が類似しているようであり，RAPD 法では識別が困難と

表 1-3　RAPD 解析に使用するプライマーの例

agtcagccac	ccgcagccaa	ggtgatcagg
ccgagtcca	tgccgagctg	ccggcggcg
gtttcgctcc	aatcgggctg	agtcgggtgg
aagagcccgt	caatcgccgt	aggggggttcc

の報告もあることから，筆者による変法も紹介する（【方法 2】）．
【器　具】
　サーマルサイクラー
【試　薬】
　DNA 抽出用試薬，プライマー（表 1-3），PCR 用試薬，アガロースゲル電気泳動用試薬（分子量マーカーを含む）．
【方　法 1】
　ⅰ）RAPD 法による菌株識別[3]
　　1）比較する菌株について，新鮮な培養菌体から，DNA 抽出用試薬を用いてゲノム DNA を抽出する．
　　2）それぞれのゲノム DNA を鋳型として，選択した RAPD プライマー（2 種ではなく，単独 1 種）を用いて PCR を実施する（アニーリングは 30 ℃〜40 ℃前後にて 1〜2 分間，温度は，変化させて結果を検討した後に一定とする）．得られた増幅産物についてアガロースゲル電気泳動を行ない，菌株間でバンドパターンに差が見られるかを検討する．RAPD 法は再現性に若干問題があるので，繰り返し試験を行ない，結果を確認する．
【備　考】
　RAPD プライマーの種類や PCR 条件の検討時には，明らかに異なる複数の納豆菌株を用いて検討を行なうとよい．納豆菌と，納豆を製造できない枯草菌間では，バンドパターンに差が見られることが比較的多い．使用する PCR 酵素によってもバンドパターンが異なることがある．
　特定の菌株間を識別する方法として，最初に RAPD 法にて菌株間で異なるバンドを生じさせ，そのバンドに含まれる DNA 断片の塩基配列を解析し（STS〔Sequence Tagged Sites〕化），次に，その配列に特異的なプライマー（STS 特異的プライマー）を設計し，そのプライマーで PCR を行なうと，識別したい菌株の DNA に対してのみ特異的バンドが生じる，という方法も有効である．
【方　法 2】
　ⅱ）改変 RAPD 法による菌株識別
　　1）比較する菌株について，新鮮な培養菌体から，DNA 抽出用試薬を用いてゲノム DNA を抽出する．

2) それぞれのゲノム DNA を鋳型とし，表 1-3 に示す RAPD プライマー 12 種のそれぞれと，納豆菌ゲノム上に複数・異なる位置に存在するとされる挿入配列 IS$4Bsu$1 因子[2] に対するプライマー（5'-tgcactcgtcaaagattatag-3', position 1280, Forward）を組み合わせて（計 12 組），1 菌株に対し 12 種の PCR を行なう（PCR 条件の例として，変性 94℃，1 分間，アニーリング 36℃，1 分間，伸長 72℃，3 分間を 50 サイクル）．得られた増幅産物のアガロースゲル電気泳動を行ない（1 菌株に対し 12 レーン），菌株間でバンドパターンに差が見られるかを検討する．方法 1 と同様に，繰り返し試験を行ない，結果を確認する．

【備　考】
さらなる識別能の向上には，プライマーの改良・追加や PCR 条件の変更などが必要であると考えられる．また反対に，必要に応じて，使用する RAPD プライマーの数を削減することも可能と思われる．

【文　献】
1) 中川恭好・田村朋彦・川崎浩子：『放線菌の分類と同定』日本学会事務センター，2001，pp83-132.
2) Nagai, T., L.-S.P.Tran, Y. Inatsu et al.：*J. Bacteriol.*, 182, 2000, pp2387-2392.
3) Inatsu, Y., N. Nakamura, Y. Yoshida et al.：*Lett. Appl. Microbiol.*, 43, 2006, pp237-242.

（細井知弘）

4. 突然変異法

納豆菌育種法の 1 つに既存の菌株に変異処理を施す方法がある．変異を引き起こすものには，紫外線（UV）や γ 線，薬剤のニトロソグアニジン（NTG），エチルメタンスルホン酸（EMS）やアクリジンオレンジ（AO）などがある．紫外線（通常，照射源はクリーンベンチの殺菌灯）や薬剤を使用する場合，操作は実験室で行なえるが，γ 線照射の場合は通常，専門施設（農業生物資源研究所放射線育種場など）へ依頼することになる．変異処理による菌株の育種の成功は，効率よく希望する変異株を単離できる方法があるかどうかにかかっている．漠然とおいしい納豆を作る納豆菌を育種したいという場合には単離は困難である．ここでは，プラスミドのキュアリング（除去操作）にも利

用される AO を用いた突然変異法について述べる[1]．
【試　薬】
・アクリジンオレンジ：4 mg/ml 溶液を作製し，0.2 μm のフィルターでろ過滅菌しておく．
・ニュートリエントブロス：pH 7.6 に調整．オートクレーブ（121 ℃，15 分）で滅菌しておく．

【方　法】
1) 納豆菌を一晩 37 ℃で振とう培養する．
2) 1/100 量を AO 添加培地（0〜40 μg/ml，例えば 0，5，10，20，40 μg/ml の 5 本）に接種する．培地を入れた試験管はアルミホイルなどで遮光する．
3) 一晩 37 ℃で振とう培養する．
4) 生育して培地が少し濁ったものについて，適宜希釈して（選択用）寒天培地に塗布する．

【備　考】
　NTG と EMS の場合，NTG（50〜100 μg/ml）または EMS（40〜50 μg/ml）を加えた培地もしくはバッファに菌体を懸濁し 37 ℃，30〜60 分ほど振とうする．処理した菌体を遠心分離して集め，新しい培地もしくはバッファで洗浄したものを（選択用）培地に塗布する．紫外線を利用する場合は，胞子懸濁液をシャーレに入れ，クリーンベンチの殺菌灯下に置く．被曝中経時的にサンプリングを行ない，生残率（コロニー形成数/初期胞子数）を測定し，目安として生残率 0.1〜1 ％になる被曝を受けたものを使用するとよい．
　薬剤による変異処理の条件を決める際にも，生残率（コロニー形成数／無処理場合のコロニー形成数）が 0.1〜1 ％の間になる条件を使用するとよい．
　栄養要求性変異株の復帰突然変異を得る場合，最少寒天培地の中央に薬剤の粉末・結晶を置き（濃度勾配を形成），37 ℃で培養し，非栄養要求性コロニーを形成させる方法もある．

【文　献】
1) Hara, T., A. Aumayr, Y. Fujio et al.：*Appl. Environ. Microbiol.*, 44, 1982, pp1456-1458.

（永井利郎）

5. スターター調製

納豆発酵のスターターは納豆菌（*Bacillus subtilis* natto）の胞子（芽胞）である．量販店で販売されている納豆のほとんどすべては宮城野菌，成瀬菌および高橋菌と呼ばれる市販種菌をスターターとして作られている．これらはいずれも胞子懸濁液である．戦後まもなく刊行された『納豆の合理的製造法』[1]の中でスターターの調製法が報告されている．筆者の三浦は全納連の初代会長であったから市販スターターもこれに準拠した方法で作成されていると推察される．

【試　薬】
NBP 培地：0.5 ％ NaCl，1 ％ビーフエキス，1 ％ファイトンペプトン．胞子化させるときは NBP 培地に 0.1 mM $MnSO_4$ を加える．平板培地として使用するときは寒天を 2 ％加える．

【方　法】
山崎・三浦の方法[1]を改良した三星らの平板掻き取り法[2]．器具類，培地は事前に滅菌処理する．

1) NBP 平板培地に保存供試菌を接種し，37 ℃で一昼夜培養する．
2) NBP 平板培地上で生育した供試菌一白金耳を NBP 培地（100 m*l*）に接種し，110 rpm で 37 ℃，24 時間振とう培養する．
3) 培養した供試菌を $MnSO_4$ 入り NBP 平板培地に白金耳で接種し，37 ℃，24 時間培養する．
4) 平板培地の表面に増殖したコロニーをミクロスパーテル等で掻き取り，10 m*l* の滅菌水に懸濁する．菌体が密着して懸濁できないときは，適宜ホモジナイザー等を活用する．
5) 懸濁液を 12000 rpm，10 分間遠心分離する．沈降した菌体を滅菌水に懸濁し，再度遠心分離する．この工程を 2 回繰り返し，菌体を 10 m*l* の滅菌水に懸濁する．
6) 菌体懸濁液を 4 ℃で 24 時間保持する．
7) 菌体懸濁液 10 m*l* と海砂 25 g を混合し，40 ℃で 40 時間静置加温する．
8) 真空デシケーターで乾燥する．
9) 滅菌水 10 m*l* を加えてよく攪拌し，スターター菌液とする．

【注意点】
　「平板掻き取り法」は，タイミングよく胞子化した納豆菌を集菌することが重要である．再現性よくスターターを調製するためには，前培養も含めて実験条件を一定に保つ必要がある．胞子は互いに密着して固まりやすい．【方法】7）の海砂との混合は均一な菌体懸濁液を得るために必要である[2]．胞子化培地に加える $MnSO_4$ 濃度は 0.1 mM が適当であるが，例外的に市販スターター高橋菌の場合は 0.01 mM がよいことが報告されている[3]．

　栄養細胞と胞子は形態の違いが大きいので胞子形成率を位相差顕微鏡で直接観察して確認できる．加熱処理（80℃，30分）で生き残った細胞を胞子とみなしてもよい．

【備　考】
　山崎・三浦の原法[1]によるスターターの調製．器具類，培地は滅菌済みのものを使用．
　1）ペトリ皿を利用し，豆粕，グルコース，ペプトンを成分とした液体培地で種菌を 40℃で 17～20 時間静置培養する．
　2）菌体がペリクルと呼ばれる"チリメン"状の被膜を作って培地表面を覆う．
　3）傾斜することで液体培地を捨て，菌体のみを残す．
　4）ペトリ皿に残った菌体に硅砂を加え，乳棒で磨砕する．
　5）40℃で 40 時間静置する．この間に胞子化が進む．
　6）菌体（約 90 ％が胞子）を滅菌水で洗い落とし，菌体懸濁液として冷暗所に保管する．

　液体静置培養で菌体被膜を作らせ，菌体分離を簡単に済ませている．硅砂には微量のミネラル成分が含まれているため $MnSO_4$ を加えなくても高い胞子化率が得られたのだろう．振とう培養器や遠心分離機，寒天平板培地が必要なく，被膜形成という生物学的な指標で工程が管理されている．非常に優れた方法である．文献 1 は 1944 年秋に脱稿され財団法人農村工業協会から出版される予定だった．この方法が確立されたのは少なくともそれ以前である．

【文　献】
　1）山崎百治・三浦二郎：『納豆の合理的製造法』産業評論社，1949，96-104．
　2）三星沙織・小櫃理恵・川畑菜緒ら：「食科工」53，2006，165-171．
　3）三星沙織・小櫃理恵・大槻真由ら：「食科工」54，2007，406-411．

(木村啓太郎)

6. 遺伝子組換え実験法

納豆菌 *Bacillus subtilis* (*natto*) は基礎微生物学研究で使われている枯草菌実験室株 (*B. subtilis* 168, *Bacillus* Genetic Stock Center [http://www.bgsc.org/] から入手可能) と近縁である．ほとんどの場合，実験室株で使われている遺伝子組換えを含む分子生物学的な実験手法はそのまま納豆菌に適用できる．しかし，納豆菌のような実用株あるいは自然環境で生育している野生株の形質転換効率は低く，実験がうまくいかないことも多い．その理由として，実験室株の選択にバイアスがかかっていること，実用株・野生株では制限・修飾系が不明瞭なことなどが考えられる．酵母や乳酸菌の実用株を用いた実験でも同様の問題が伴う．キット類が豊富に市販され実験プロトコールは日々進化しているが，ここでは筆者が実際に行なっている方法を紹介する．本節中，納豆菌は市販納豆スターター株 (宮城野菌，成瀬菌，高橋菌) のことを指す．

6.1. 自然形質転換能による遺伝子組換え

枯草菌 (*B. subtilis*) は，自発的に菌体外の DNA を細胞内に取り込み自分のゲノム DNA との間で相同組換えを起こす能力をもっている．DNA 取り込みの効率は培地条件と増殖段階に影響される．

【器　具】
　分光光度計 (600 nm で培養液の濁度を測定)．

【試　薬】
・T-base：硫酸アンモニウム 1 g，リン酸水素二カリウム 3 水和物 9.15 g，リン酸二水素カリウム 3 g，クエン酸三ナトリウム 0.5 g を脱イオン水 500 ml に溶解して滅菌．
・SPII 培地：T-base 20 ml，25 % (w/v) グルコース 0.4 ml，1 M 硫酸マグネシウム 0.07 ml，1 % (w/v) カザミノ酸 0.2 ml，10 % (w/v) イーストエキス 0.2 ml，0.1 M 塩化カルシウム 0.1 ml
・LB 培地：ポリペプトン 1 g，イーストエキス 0.5 g，塩化ナトリウム 1 g を 100 ml の脱イオン水に溶解して滅菌．

【方 法】
1) 納豆菌（寒天平板培地に増殖させたコロニー）を白金耳あるいは滅菌した爪楊枝で SPII 培地に植菌する．37 ℃，150 rpm で 14〜16 時間振とう培養する（前培養）．
2) 50〜70 μl の前培養をガラス試験管 2 ml SPII 培地に植え継ぎ，37 ℃，150 rpm で約 3 時間培養する．
3) 培養液の濁度を OD$_{600}$ nm で測定する．濁度が 0.55〜0.8 のときに集菌し（10000 rpm，5 分，室温），培養上清を 90 % 捨てる．
4) 菌体と残りの上清（10 %）をピペットで穏やかに混和する．
5) 納豆菌のゲノム DNA 配列と相同な領域をもつ DNA 断片[*1]を加える．通常 1 μg 程度あればよい．
6) 新しいガラス試験管に移し，37 ℃，150 rpm で 30 分間振とう培養する．
7) LB 培地を 0.5 ml 加えてさらに 1 時間振とう培養する．
8) 0.1 ml ずつ分取して適当な選択寒天培地に播種する[*2]．
9) 37 ℃で一昼夜静置培養後形質転換されたコロニーを拾い，サザン解析あるいは PCR 法によって計画どおりの遺伝子組換えができたことを確認する．

【注意点】
　筆者の経験では，この方法で数十個の形質転換体を得ることができた．形質転効率は枯草菌実験室株を同じ方法で形質転換した場合の約 100 分の 1 である．

[*1] 供与する DNA の相同領域は長い方がよい．筆者は 500〜1 kbp にしている．納豆菌・枯草菌のゲノム DNA を直接供与 DNA とすることも可能である．

[*2] 抗生物質耐性，栄養要求性，特定の代謝産物・酵素の生産能などを指標にして選択する．

6.2. インテグレーション用プラスミドの利用

　特定領域のゲノム DNA 断片が組み込まれているプラスミドを利用すれば，その領域で相同組換えを行なうことができる．このようなプラスミドはインテグレーション用プラスミドと呼ばれ，特定領域としてアミラーゼ遺伝子座，ス

レオニン合成遺伝子座などが汎用されている．アミラーゼ生産能，スレオニン資化能によって組換えが起こったことを簡単に判断できるので便利である．また，Pspac, Pxyl といった誘導可能なプロモーターが組み込まれたプラスミドを利用すれば，研究対象の遺伝子の発現をコントロールすることが可能である．このようなインテグレーション用プラスミド類は *Bacillus* Genetic Stock Center（http：//www.bgsc.org/）から入手可能で，実験室株を対象として開発されたものではあるが納豆菌にも応用可能である．ここではアミラーゼ遺伝子（*amyE*）インテグレーションプラスミド pDG1661 を用いた例を示す．

【試　薬】
・プラスミド pDG1661[1)]
・抗生物質：クロラムフェニコール，スペクチノマイシン，アンピシリン
・制限酵素，DNA リガーゼ
・可溶性デンプン
・ヨウ素液：ヨウ化カリウム（0.1 %），ヨウ素（0.01 %）の 1 M 塩酸溶液

【方　法】
1) pDG1661 のマルチクローニング部位（*Bam*HI，*Hind*III，*Eco*RI）に導入したい DNA 断片をつなげ，大腸菌を形質転換してプラスミドを回収する．
2) pDG1661 内のアミラーゼ遺伝子（*amyE*）の外側を切断する制限酵素でプラスミドを消化する[*1]．
3) 自然形質転換能による遺伝子組換え（前出）によって納豆菌を形質転換する．
4) クロラムフェニコール耐性，スペクチノマイシン感受性[*2]のコロニーを選択し 1 ％可溶性デンプンを含む LB 寒天培地に植え継ぎ，37 ℃で 12～14 時間保持する．
5) 寒天培地にヨウ素液（5～10 ml）を注ぎ，菌体を洗い流してデンプンを染色する．
6) アミラーゼ遺伝子座で組換えが起こった株はアミラーゼ活性が失われているのでコロニーの周囲が紫色に染色される．

【注意点】
[*1] プラスミドの切断・直鎖化を行なわないで使用した場合はシングルクロス

オーバー組換えが起こる可能性がある.
*2 クロラムフェニコールは 10 μg/ml, スペクチノマイシンは 300 μg/ml で使用する.

【備　考】
　ｉ）納豆菌内在プラスミド pNAGL1（pLS20）と pUH1（pTA1015, pLS15）

　納豆菌はシータ型で複製される大きな（65 kbp）プラスミド pNAGL1（pLS20）とローリングサークル型で複製される小さな（5.8 kbp）プラスミド pUH1（pTA1015, pLS15）の２つのプラスミドをもっている[2]. 国内３つのグループが独立にプラスミド分析を進めた結果, 同一のプラスミドに複数の名称が付与されている[2]. B. subtilis 実験室株がプラスミドをもっていないため, プラスミド研究においては海外でも納豆菌がよく使われている. 小さいプラスミドは塩基配列が決定されているが[3], 大きいプラスミドの解析はまだ行なわれていない.

　同一の複製システム（レプリコン）をもつ２つの異なるプラスミドを長期間細菌に保持させると, どちらかが欠落することが多い. pHP13系, pBB2系など B. subtilis プラスミド由来のレプリコンを利用して組換え DNA 実験を行なう場合, 納豆菌内在のプラスミドとの共存可能性に注意する必要がある.

【文　献】
1）Guézrout-Fleury, A-M., N. Frandsen and P. Stragier：Gene, 180, 1996, pp57-61.
2）Nagai, T., K. Koguchi and Y. Itoh：J. Gen. Appl. Microbiol., 43, 1997, pp139-143.
3）Meijer, W.J., G.B. Wisman, P. Terpstra et al.：FEMS Microbiol Rev., 21, 1998, pp337-368.

（木村啓太郎）

7.　挿入配列実験法

　挿入配列（insertion sequence, IS）とは, DNA 上を移動可能な転移因子で, 転移に関わるトランスポザーゼ遺伝子の両端に逆向き繰り返し配列を配置した構造をしている. トランスポザーゼ以外の遺伝子はもたない. 納豆菌には２種の挿入配列が存在していることが知られている[1,2]. ここでは, サザンハイブリダイゼーションによる IS の検出法について紹介する.

【器　具】
　核酸バキュームブロッティングシステム（VacuGene XL Vacuum Blotting

System［GE ヘルスケア］），ハイブリオーブン，ハイブリオーブン用ビン，X線写真カセット，ナイロン膜（Hybond-N＋ナイロン膜［GE ヘルスケア］など），ナイロンメッシュ，ヒートシーラー，ポリ袋（ヒートシーラーでシール可能なもの），X 線フィルム（ハイパーフィルム ECL［GE ヘルスケア］など）

【試　薬】
- エチジウムブロマイド：10 mg/ml．使用時には 1 万倍に希釈する．
- DNA 直接標識・検出キット：ECL direct nucleic acid labeling and detection systems（GE ヘルスケア）
- 現像液：スーパープロドール（富士フイルム）
- 停止液：1.5〜3 ％酢酸
- 固定液：スーパーフジフィックス-L（富士フイルム）

【方　法】
i) サザンブロッティング
1) 納豆菌染色体 DNA 1 μg を制限酵素（$Hind$Ⅲ など）で切断し，アガロースゲル電気泳動を行なう．
2) エチジウムブロマイドで染色した後，紫外線下でゲルの写真を撮る．ゲルとナイロン膜を核酸バキュームブロッティングシステムにセットし，転写を行なう．
3) 転写は核酸バキュームブロッティングシステムの取り扱い説明書に従い行なう．減圧下でゲルの表面に転写用試薬を置き，溶液が少なくなったら，表面が乾燥する前に溶液を追加する．
4) ナイロン膜を風乾し，下にナイロンメッシュを重ね，ハイブリオーブン用のビンにセットする．
5) DNA 直接標識・検出キットを用いてプローブを標識する．プローブの濃度は 5〜10 ng/ml で 42 ℃，一晩ハイブリダイゼーションを行なう．

ii) 検出
1) ナイロン膜を取り出し，DNA 直接標識・検出キットの取扱説明書に従い洗浄する．
2) DNA 直接標識・検出キットの検出試薬で発色させる．
3) ナイロン膜の水気をろ紙で軽くとり，ポリ袋に入れて口をヒートシーラーでシールする．

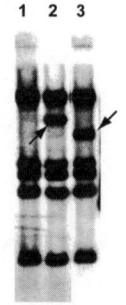

図1-1 納豆菌染色体上のIS4Bsu1
1：親株のIS4Bsu1，2および3：変異株のIS4Bsu1．矢印は新たに挿入されたIS4Bsu1を示す（出典：永井利郎「日本微生物資源学会誌」24，2008，21-25）．

4) 暗室にて，カセットにナイロン膜の入ったポリ袋をセットし，その上にX線フィルムを置く．
5) カセットのふたを閉め，露光は数分から数時間（DNA量などによる）行なう．最初に短時間の露光を行ない，X線フィルム上のシグナルの強度を目安に次の露光時間を決めるとよい．

ⅲ) 現像
1) 暗室にて，カセットを開き，ナイロン膜と現像されたパターンの位置合わせの目印にX線フィルムの右下を小さく上向きに折る．
2) 現像液に6分（現像の具合を見ながら時間を増減する），停止液に30秒，固定液に10分，流水中に10分間浸した後，風乾する．

【備　考】

　納豆菌染色体DNAの調製にはグラム陽性細菌を対象とした市販のDNA調製キットを利用すると便利である．動物細胞や血液を対象にしているキットを流用する場合は，納豆菌菌体をリゾチームで処理しプロトプラストにする必要がある．例えば，培養菌体を遠心分離機で集菌し，それぞれオートクレーブ滅菌した4×Penassayブロス（Difco）と2×SMM（1 Mショ糖，0.04 Mマレイン酸，0.04 M MgCl$_2$ [pH 6.5]）を等量混合したものに懸濁する．それに終濃度5 mg/mlのリゾチームを加え，37℃20分間保温し，低速（1000×g，25℃，15分）で遠心分離して集菌する．その菌体に対してキットによるDNA調製を行なう．

　ハイブリダイゼーションに使用したナイロン膜はそのまま次のハイブリダイゼーションに利用できるが，その前に加熱洗浄処理（取扱説明書参照）を行なうとよい．

　図1-1に実験結果の一例を示した．納豆菌野生株は1〜10本のポジティブのバンドが検出される．コロニー形態が野生株とは異なるものについて解析を行なうと，矢印で示したように新たなバンドが検出された（ISの挿入により

表現形が変化したかどうか確定する場合にはさらに形質転換や遺伝子解析などの実験が必要）．

【文　献】
1) Nagai, T., L.-S.P.Tran, Y. Inatsu et al.：*J. Bacteriol.*, 182, 2000, pp2387-2392.
2) Kimura, K. and Y. Itoh：*Biosci. Biotecnol. Biochem.*, 71, 2007, pp2458-2464.

（永井利郎）

8. 形質導入法

形質導入法とはバクテリオファージ粒子を仲介して遺伝子を別の細胞に導入する方法である．ファージが宿主細胞に感染し増殖すると，ごく稀に自己のDNAの代わりに断片化された宿主の染色体DNAをファージ粒子に取り込むことがある．このファージが別の細胞に感染すると，頭部のDNAが菌体内に注入され，染色体DNAと相同組換えを起こし，その場所に別の細胞の遺伝子が導入される．この節ではバクテリオファージφBN100を用いた形質導入法[1,2]を解説する．

【器　具】
駒込ピペット（180℃，3時間乾熱滅菌），卓上恒温機

【試　薬】
・納豆菌バクテリオファージφBN100：＝MAFF 270100，農業生物資源ジーンバンクで入手可．すべての納豆菌に感染するわけではないので注意を要する．
・LB 培地：1％ペプトン（Difco），0.5％酵母エキス（Difco），1％ NaCl．オートクレーブ滅菌（121℃，15分）．
・SM：0.1 mM NaCl, 50 mM Tris・HCl（pH 7.5），0.2％ $MgSO_4 \cdot 7H_2O$，0.01％ゼラチン．オートクレーブ滅菌（121℃，15分）．

【方　法】
 i ）ファージ懸濁液の調製
　1) 形質導入したい遺伝子を有する宿主の培養液（LB 培地で 37℃一晩振とう培養）50 μl に，ファージ懸濁液約 5×10^7 PFU を加え，37℃で20分間保温する．
　2) 300 μl の 0.5 M $MgSO_4$ を加え，駒込ピペットで 3 ml の上層寒天（LB

培地＋0.5％寒天，55℃に保温）を加え混合し，すぐにLB寒天培地
　　　（1.5％寒天，10 mM MgSO₄ を含む）に重層する．
　3） 培地を上向きにして，37℃で一晩培養を行なう．
　4） 寒天上に4 ml のSMと，数滴のクロロホルムを添加し，室温に8時間（もしくは冷蔵庫に一晩）静置する．
　5） SMをパスツールピペットで回収し，遠心分離（10000×g，4℃，10分）により除菌した後，さらに0.2 μm の滅菌フィルターでろ過し，ファージ懸濁液とする．
ⅱ）形質導入
　1） 受容菌を，LB培地にて一晩37℃で振とう培養する．
　2） 培養液400 μl を，12 ml LB培地に加え，定常期直前（培養開始5時間）まで37℃で振とう培養する．
　3） 培養液を遠心分離により集菌した後，ファージ懸濁液とSMを加える（合計500 μl，ファージ終濃度 4×10^8 PFU/ml，感染多重度約1）．
　4） 37℃で20分間保温する．
　5） 遠心分離により集菌した後，上澄みを捨て，菌体を300 μl の 0.85％ NaClに懸濁する．
　6） 懸濁液を0.85％ NaClで段階希釈し，選択培地（マグネシウムを添加しない）に塗布する．

【備　考】
　得られたファージ懸濁液中のファージの濃度（タイター）を求めるには，SMで段階希釈したファージ懸濁液と宿主を混合し，「ⅰ）ファージ懸濁液の調製」で述べたように重層法によりプラーク（溶菌斑）を作らせ，プラーク数を基に計算すればよい．
　バクテリオファージφBN100は増殖にマグネシウムイオンを要求するので，感染・増殖用の培地には10 mM MgSO₄ を添加しておく．逆に形質導入後の菌株を塗布する選択培地には，ファージの増殖を抑制するためにMgSO₄を加えない．
　ファージ懸濁液を保存する場合は，滅菌したバイアルにファージのSM懸濁液を入れ，密封して冷蔵庫に入れる．この方法で少なくとも5年は安定に保存できる．
　本法での栄養要求性を相補する遺伝子の形質導入の頻度（形質導入株／ファ

ージ粒子数)は,10^{-8} から 10^{-6} であった.

【文　献】

1) Nagai, T. and Y. Itoh：*Appl. Environ. Microbiol.*,63, 1997, pp4087-4089.
2) 永井利郎・伊藤義文：「微生物遺伝資源利用マニュアル」11, 2002, 1-3.
   (http：//www.gene.affrc.go.jp/pdf/manual/micro-11.pdf)

(永井利郎)

第2章

○ 外国での納豆様食品の採集法 ○

1. 生物多様性条約に沿った海外遺伝資源へのアクセス

1.1. 遺伝資源と生物多様性条約の関係

　我が国も加入している生物多様性条約（Convention on Biological Diversity, CBD）[1]は，1992年6月にブラジルのリオデジャネイロで開催された環境と開発に関する国際連合会議（United Nations Conference on Environment and Development, UNCED,〈通称〉地球サミット）において各国に署名のため開放され，翌年12月29日に発効した．ヒトを除くすべての生物が対象と解釈される本条約の多様性の定義には，種内・種間の多様性はもとより，生態系の多様性も含まれている．これにより，遺伝資源に関わる課題が地球環境課題の一環としても位置づけられるとともに，一般に人類共通の財産と考えられていた遺伝資源に関する認識が，原産国（遺伝資源提供国）の主権的権利が認められる形へと大きく転換し，遺伝資源を利用する際には事前に遺伝資源提供国の同意を得ること，その利用から生じる利益を公正かつ衡平に配分することなどが示された．

　その後，2002年4月にオランダのハーグで開催されたCBD第6回締約国会合において，遺伝資源へのアクセスと利益配分を確保するための法令，行政措置，契約書作成等の参考指針である「遺伝資源へのアクセスとその利用から生じる利益の公正・衡平な配分に関するボン・ガイドライン（Bonn Guidelines on Access to Genetic Resources and Fair and Equitable Sharing of the Benefits Arising out of their Utilization,〈通称〉ボン・ガイドライン）」が採択され，この指針自体

は任意で法的拘束力はないものの，CBD締約国にはこれに沿った対応が求められている．その対応には，遺伝資源を利用する側の立場と提供する側の立場の双方からの対応があるが，CBDにおいて認められた遺伝資源に関わる主権的権利の主張・行使ならびに遺伝資源へのアクセスと利益配分をより確実にするため，特に，多様な遺伝資源を保有し，それらを他の国へ提供する場面が多いアジアや南米等の国々の中には，ボン・ガイドラインを自国にて担保する形で他国からの遺伝資源アクセスの規制強化を内容とした国内法令や行政措置等を整備し，これにより法的拘束力を付与している国がある．そういった国の遺伝資源へアクセスするにあたっては，それらの国内法令や行政措置等をボン・ガイドラインよりも優先して対応しなければならない．いずれにしろ，もしボン・ガイドラインや遺伝資源提供国の国内法令，行政措置等に沿わず遺伝資源を取得・使用すると，海賊的行為（Biopiracy）として遺伝資源提供国から訴えられ，最悪，紛争に陥る恐れがある．その対応を誤ると，報道を含め，国際的な場において指摘・誹りを受ける恐れもある．

1.2. 海外遺伝資源へのアクセスの仕方

　遺伝資源は使ってみなければその利用価値が見えない．よって，遺伝資源には「潜在的価値がある」とよく表現される．一口に遺伝資源といっても，微生物，植物，動物等，様々な種類があり，その扱いも属，種，系統または個体別等により異なる場合が多々あるし，試験研究機関，大学，民間企業等の施設保存下にある生息域外のものと，それ以外の生態系下，すなわち生息域内のものがある．また，遺伝資源提供国といっても，関わる国内法令や行政措置等は各国間に共通項はあるもののすべてが一律ではなく，それらがそもそも整備されている国，整備されつつある国，整備されていない国がある．得ようとする遺伝資源がどこでどのような管理下で維持保存され，どのような場面で活用されているか，それらの背景，経緯，伝統的な知識・工夫・慣習等を含めてできるだけ多くの情報を把握したうえでこれにスムーズにアクセス（探索を含む）し，利用後もトラブル発生のリスクを軽減することが肝要である．これは遺伝資源提供国との取引である．その方法の流れは概ね以下1）〜5）の通りであるが，詳細は財団法人バイオインダストリー協会が発行している手引[2]に基づくとよい．なお，同協会には「海外の遺伝資源へのアクセスに関する相談窓口」もある．

1) 遺伝資源提供国の政府窓口（Focal Point），所管研究機関，民間企業，州や県などの地方自治体，先住民コミュニティー等，いずれにしろ権限のある当局へ利用目的，期待する成果等を伝えて事前同意（Prior Informed Consent, PIC）を取り付ける．遺伝資源提供国に知人その他これから共同研究する（したい）者などがいれば，その者を通じて権限のある当局からスムーズに PIC を取り付けることができる場合がある．
2) 遺伝資源の種類・量，調査活動範囲，材料の利用範囲，第三者への遺伝資源の移転，伝統的知識，機密情報，成果の取り扱い，利益配分，再交渉手順等，互いが納得する条件（Mutually Agreed Terms, MAT）にて合意する．合意にあたって MAT の包括的な覚書といった文書（Memorandum of Understanding, MOU）を交わすとよい．また，遺伝資源の授受（移転）とその後の取り扱い（利用目的・範囲，第三者への移転など）に関する MAT について，大抵，当該遺伝資源に付帯する個別の契約（Material Transfer Agreement, MTA）も締結する．なお，利益配分の条件・形には様々なものがある．義務か任意か，金銭的か非金銭的か（商業利用から派生する利益，科学研究成果，技術開発協力等），前払制かマイルストーン支払制か，ロイヤリティーを含む短中長期の利益の扱い，配分を受ける対象者とその配分率など，留意する必要がある．先に述べたように，潜在的価値がある遺伝資源は使ってみなければその利用価値が見えない．よって，利益配分については MAT 合意（MOU・MTA 締結時）時には予断せず，細かく条件化しないでおいて，遺伝資源利用後に実際に何らかの利益が得られる見込みがついたときに協議し決定する方策もある．
3) 日本の植物防疫所へ事前連絡（帰国・搬送日時，便名，遺伝資源内訳詳細等）．
4) 遺伝資源提供国の植物防疫所で輸出検疫，日本の植物防疫所で輸入検疫を受け，導入し，利用．
5) 利用後も MAT（MOU・MTA）に基づいて対応．

1.3. 遺伝資源に関わる今後の国際動向

2002 年 4 月にボン・ガイドラインが採択されたものの，これには法的拘束

力がない．すぐさま，2002年8月に南アフリカ共和国のヨハネスブルグで開催された持続可能な開発に関する世界首脳会議（World Summit on Sustainable Development, WSSD，〈通称〉地球サミット2002）において，遺伝資源から生ずる利益配分の国際体制をCBDの枠組内で交渉することが決定され，今なお，その交渉が続いている．多様な遺伝資源を保有し，それらを他の国へ提供する場面が多いアジアや南米等の国々は，利益の公正かつ衡平な配分を確保する措置および海賊的行為の防止措置などが未だ十分ではなく，また，遺伝資源提供国によるチェックだけでは遺伝資源の不正使用に対応できないとして，法的拘束力のある国際的枠組み（International Regime on Access to Genetic Resources and Benefit-sharing）を早急に策定しなければならないと主張している．一方，主に遺伝資源を利用する側にある日本を含む先進国は，ボン・ガイドラインに基づいた既存の制度によって，遺伝資源の利用により生ずる利益の公正かつ衡平な配分の確保等はすでに措置済であるとして，法的拘束力のある国際的枠組みの必要はなく，仮にその策定について法的拘束力の有無を含めて議論するのであれば，既存の制度では解決できない問題点の分析をまずは十分に行なったうえで，内外無差別性の確保，遺伝資源の特定等を前提に進めなければならないと主張している．また，ボン・ガイドラインには，遺伝資源へのアクセスにあたって遺伝資源提供国の事前同意の取得を遵守する手段の一例として，特許申請時に遺伝資源および関連する伝統的知識等の原産地・出所・法的来歴の開示を奨励する旨が盛り込まれており，それらの知的財産権に関わる開示義務化の是非についても，世界知的所有権機関（World Intellectual Property Organization, WIPO）や世界貿易機関（World Trade Organization, WTO）といった別の関連フォーラムでの交渉と相まって，CBDにおける法的拘束力のある国際的枠組み策定の是非を交渉する過程で大きな争点として議論されているところである[3]．

遺伝資源へのアクセスについては，そこに利害関係という側面があることにより，利益配分や知的財産権の取り扱い，遵守のための仕組み，紛争解決手段などに至るまで国際的に細かくルール化される方向にある．しかし，CBD他，上述したWIPOやWTOなどの国際フォーラムも互いに関連し，国際連合食糧農業機関（Food and Agriculture Organization of the United Nations, FAO）が中心に起草し成立した食料農業植物遺伝資源条約（International Treaty on Plant Genetic Resources for Food and Agriculture, ITPGRFA）のように一歩抜き出たル

ールが策定されている交渉状況の影響もありうる．さらにこれらに各国の国内法令や行政措置等がかぶさる他，他の関連条約，二国間または多国間の協定や連携関係，地域的・地政学的な国際情勢もかぶさる可能性が否めないことから，遺伝資源全般にわたって確たる形で平準化されたルールが策定・施行されるまでには，当面，未決の事項，曖昧な事項，複雑な事項を含んだ状況が続くと思われる．海外遺伝資源へのアクセスは，遺伝資源に関わる最新の国際動向に注視しつつ進めることが肝要である．

【文　献】
1) 山本昭夫：「生物研究資料」16, 2001, 21-118.
2) 財団法人バイオインダストリー協会：『遺伝資源へのアクセス手引』, 2005.
3) 安藤勝彦：「日本微生物資源学会誌」24, 2008, 117-124.

(富岡啓介)

2. 東南アジア地区での調査と採集

2.1. 微生物資源研究の特殊性

　東南アジア地域は近年流通が急速に発達しつつあるために，伝統的醗酵食品が失われつつある．伝統的醗酵食品が近年まで製造利用されてきた背景にはそれなりの必然性があったと推測されるので，それらを記録・保存して次の世代に伝えることは，作物や家畜の品種面における遺伝資源の保存と同様に，価値あるものと考えられる[1,2]．
　前節で「生物多様性条約」について解説されているように，現地で購入・採集した試料の理化学分析を行なう程度であれば問題になることは少ないと思われる．しかし，条約に対する態度はそれぞれの国家によって異なっており，醗酵食品から微生物を分離しその応用研究を進める場合は，現地の研究者と共同研究を行ない成果を共有する努力を惜しんではならない．現地大学の研究者は日本をはじめとする先進国で学位を取得している場合が少なくない．しかし，先進国で洗練された研究に触れたために，かえって大豆醗酵食品をはじめとする伝統醗酵食品のようないわば泥臭い庶民的な食品に対する関心が低く，それらの製造過程における合理性，栄養学的な価値が理解されていない場合もある．また，先進国と異なって研究面におけるインフラが整備されていないた

め，醗酵食品に興味を抱いていたとしても実行に移せない場合もあるようである．筆者らの経験では，保温器，オートクレーブ，乾熱滅菌器が整備されていない研究室も存在する．

筆者らのグループは，これまで東南アジア各地で醗酵食品の調査と採集を行なってきたが，その過程で中国，ベトナム，カンボジア，タイにあるいくつかの大学と共同研究協定を結ぶことができている．

2.2. 事前調査
(1) ガイドブック

旅行社各社からガイドブックが販売されているのでそれらを参考にするが，内容は一般の旅行者を相手にした内容であるので，訪問する地域のおおまかな様子を理解するために使用する．ガイドブックの中では lonely planet [*1] が，道路事情を含めて行動しやすい季節，移動に要する時間と費用の目安，それぞれの季節における服装についての注意，現地の宿泊施設の状況などについて比較的詳細な記述がある点で優れている．

(2) 地図

地図は現地においても本屋に置いてあることがほとんどない，というよりほとんど出版されていないので，出発前に入手しておく．筆者はいくつかある中で Nells Map [*2] が優れていると思っている．ガイドブック，地図ともに，国内では東京都千代田区神保町交差点の付近にあるマップハウス [*3] が多数の品物をそろえている．同地域にある三省堂本店にこの店が品物を出しているので，こちらの方が見つけやすい．

(3) 現地出身者からの事前聴取

事前に現地出身者と話すことができればより望ましい．しかし大豆醗酵食品のような伝統的醗酵食品は現地においてあまりにも日常的な存在であるので，かえって原料や製造法などの具体的な性質が理解されていない場合もある．筆者のグループは可能な限りつてをたどって，現地出身者から情報を得た後に出かけるようにしている．

(4) 調査季節

大豆醗酵食品を調査採集する季節は乾季がよい．特に11～2月が最適である．その理由は，多くの地域で大豆の収穫期を終えて保存食としての醗酵食品を製造する場合が多いことと，乾季になると道路事情がよくなるので都市部か

ら離れた地域へ入ることが可能になるからである．後者については，たとえ四輪駆動車をチャーターしても同じで，地域によっては雨季になると崖崩れなどで通行不能になる道路が少なくなく，たとえ1つの目的地に入ることができたとしても次の場所へ移動できなくなることも，最悪の場合には出発地に戻れなくなることもありうる．特に，台風が通過した直後は注意が必要である．

(5) 所持品

東南アジアには，電気が来ていない場所や，水道・下水設備がない場所がある．以下に，旅行の際に所持すると便利と思われるものを列挙する．なお，液体は空港内に持ち込めないので注意すること．水（ペットボトル）は，カウンターを通過した後，空港内で購入することができる．

サンプル容器と薬匙，防寒具（セーターやジャンパー等，山岳地帯では朝晩は10℃以下になることもある．防水加工されているとよい），スカーフやマスク（埃よけ），ティッシュペーパー，ウェットティシュ，トイレットペーパー，ビニール袋（ごみ袋として使えるもの），薬（整腸剤・風邪薬・乗り物酔い用・持薬・頭痛薬），水筒（ミネラルウォーターが現地で手に入る），懐中電灯と予備の電池（電燈のない場所・停電時のため），雨具（折りたたみ傘や雨合羽），目覚まし時計（モーニング・コールをしてくれないホテルもある），帽子，虫除けスプレー（ガス式ではないもの），蚊取り線香，かゆみ止め，タオル，洗濯セット，サンダル（ホテルの部屋用），嗜好品（梅干・日本茶・飴など），カメラ（フィルムが必要なものはフィルム・予備の電池も），謝金，おみやげ，電圧変換器（現地では電圧が100Vでない），メジャー．

【備　考】
- *1　lonely planet：Lonely Planet Publications Pty Ltd., Australia.
- *2　Nelles Map：Nelles Verlag GMbH, Munchen, Germany. 定価はUS$10〜11.
- *3　マップハウス：東京都千代田区神田神保町1-12太陽堂ビル1階．TEL：03-3295-1555

2.3.　国内の旅行社，現地の旅行社

(1) 国内の旅行社

日本国内には多くの旅行社が存在するので，それらに目的と地域を説明すればよいが，旅行社により得意・不得意の領域があるので注意を要する．したがって，3ヵ月以上前から交渉を始め，適したガイドの選択と醗酵食品の予備調

査を依頼すると，目的とする調査の確実性が高くなる．しかし，国内の旅行業者を通すと費用が高くなることは避けられない．筆者は，東京都千代田区に本社のある「西遊旅行」*4 に依頼する場合が多い．この旅行社は東南アジアの各地に窓口をもっており，最新の情報をもとに行程と日程について種々の提案をしてくれる．例えば，目的とする地域が訪問国の代表的な入国地から離れていると，隣国から入ることにより日程を短縮する方法も提案してくれる．目的上，現地におけるほとんどの移動は運転手付の車をチャーターすることになる．

【備　考】
*4　西遊旅行：〒101-0051　東京都千代田区神田神保町2-3-1　岩波書店アネックス5階．TEL：03-3237-1391（代表）

(2) 現地の旅行社

　現地の旅行社を通して調査を行なうことができれば安価ではあるが，いくつかの手間を要する．現地までの航空便の選択と予約，入国ビザの取得，現地における支払い方法および支払い貨幣の問題，そして最も重要である目的の説明などである．現地旅行社との交渉は経験者のつてをたどる方法が確実である．現地旅行社の中には，日本に留学した経験をもつ者，駐日大使館員であった者などがガイドとして働いている場合もある．それらのガイドは日本における食習慣を経験しているのみでなく，日本の食物と現地の食物との関係を理解しているので非常に有用である．例えば，「糸引きの有無」と話すと，日本で生活した者には理解してもらえるので現地住民から充分な聞き取りができるが，糸引き納豆を見たことのない者にはかなりの説明を要する．ミャンマー国内には外国人が入ることを原則的に禁止している地域があり，その地域の中には大豆醗酵食品が作られている地域も含まれる．その場合は特別の許可書を取得しなければならない．旅行社またはガイドを通して事前に書類（目的を記した文書・所属と就労を証明する書類など）を提出し，それなりの費用を必要とすることになるので，かなり前（旅行社・ガイドにより異なるが3ヵ月以上前）から交渉を始める必要がある．

2.4.　現地における行動

(1) 両替

　東南アジア地域の都市部にあるホテルやレストランにおいてはUSAドルの

通用する場合が少なくないが，市場や都市部以外においては現地の貨幣を必要とする．特に，醗酵食品を購入する場合は低額の現地貨幣が必須である．多くの国では公定レートと一般レートとの間に大きな差があるが，ガイドに依頼すると，この点を解決できる場合が少なくない．到着時にガイドに依頼して，一般レートの確認，必要となりそうな金額，余った場合の交換方法などを確認する必要性がある．特に，出入国時に大きな都市を通過しない場合は重要である．

(2) 試料採集

現地に到着後，市場へ行く[3]が，農村部の地域の多くは都市部より安全である．醗酵食品を販売している店頭で聞き取りを行ない，試料を購入する．大豆醗酵食品の場合は早朝に販売が開始されて売切れてしまう場合もあるので，早起きして朝食前に調査に出かけることを勧める（図2-1）．特に糸引き納豆に相当する無塩醗酵大豆はこの傾向が大きい．聞き取りはガイドを通して行なうが，店ごとに同じ質問をするということを事前にガイドへ充分に説明しておく．醗酵食品の購入は，現地の人々が購入する場合と同様の袋に入れてもらった方が彼らから受け入れられやすい．もちろんホテルでプラスチック容器などへ詰め替える．日本から持参したプラスチック容器に市場で直接入れてもらってもよいが，現地の人々に役人が調査していると思われ，不信感をいだかれる場合もあるので注意を要する．聞き取りは店頭に客が少なくなったときに行ない，製造方法，出身民族などを質問するが，市場の付近で製造していることが

図2-1 ミャンマー北部，カチン州の市場で．広葉樹の葉に煮た大豆を包んで醗酵させていた（撮影：田中直義）．

図2-2 ミャンマー北部，シャン州のペーポ製造所にて．大豆を稲藁の上に広げた布上で醗酵させていた（出典：文献3）．

確認できた場合は，製造所の訪問が可能であるかも質問するとよい．写真を撮影しても問題にならないが，できるだけストロボを使用しない．なぜなら，風変わりな外国人が来ている目印になるので，多くの人々が集まってしまうことがあるからである．この点で最近のデジタルカメラは有用であり，購入するのであれば少々高額であっても撮影感度の高い機種を選んだ方がよい．昼過ぎなどに製造所へ行くと，大豆を煮ているところ，煮た大豆を醗酵させているところ（図2-2），醗酵が終了した大豆と食塩などの調味料を混合しているところなどを見せてもらえることが多い．その際，メジャーを持っていると製造用具の大きさを計測できる．製造所を訪れる場合は，ガイドを通して謝礼を支払う方がよい．しかし，受け取ってもらえない場合は，筆者はインスタントカメラで作業中の写真を撮影してプレゼントしている．撮影後直ちに画像の出てくるところが珍しがられ，感謝される場合が多い．

【文　献】
1) 荒井基夫ら：『伝統醗酵食品中の微生物の比較生態遺伝学的研究―照葉樹林帯と東南アジアを中心に』平成10〜12年度科学研究費補助金研究成果報告書，2001．
2) 長野宏子ら：『伝統発酵食品中の微生物の多様性とそのシーズ保存』平成15〜17年度科学研究費補助金研究成果報告書，2006．
3) 田中直義・村橋鮎美・三星沙織ら：「共立女子大学総合文化研究所紀要」13，2007，1-6．

（田中直義）

3. 中国での調査と採集

3.1. 中国における調査について
(1) 調査に関する注意事項

　中国政府の生物多様性条約に対する態度は厳しく，生物資源とその情報の国外流出に対しては神経質である．例えば，カビを利用して作る後醗酵茶の1つである有名な「普洱茶(プーアル)」については製法および製造過程を公表せず，国家第一級の技術であるとして茶の研究者に対しても工場見学など情報の提供を制限している．

(2) 地図とガイド

　「2.3　国内の旅行社，現地の旅行社」で述べたように，醗酵食品研究の目的を理解してくれる中国の旅行社に所属するガイドを探す必要性がある．事前の調査も前項に述べたとおりである．地図に関しては中国国内の中国地図出版社の製品[*1]が優れており，国内では都内にある内山書店[*2]が品物をそろえている．しかし，地形図が詳しく表示されていないことと，英語表記が記載されていないので，Nelles Mapと共用するとよい．共同研究者と共に行動できればよいが，不可能な場合は一般旅行者として各地を訪れることになる．近年は外国人を比較的自由に受け入れるようになったが，ミャンマー国境に接するいくつかの地域は道の途中に検問所があり，通過者の荷物を厳格に検査している．それらの地域へは簡単には入れないので，現地の大学などを通して行政や共産党委員会とコネを作っておくとよい．言語はいわゆる北京語が標準語として通用するが，一部の地域へ入る場合には現地語を理解するガイドを別に必要とする．貨幣は基本的に中国人民元以外通用しないので銀行またはガイドを通して交換するが，為替レートが常に変化しているので交換比率を確認する必要がある．また，インフレ気味であるために物価の上昇が大きいので，日本円を人民元に交換する金額に注意が必要である．

(3) 豆豉(とうし)の採集

　近年は高速道路をはじめとする道路網が整備されつつあるので，車による移動は楽になりつつある．しかし，そのことは伝統的な方法で製造されている各種醗酵食品が失われつつある原因にもなっている．並行して流通機構が急速に発達しつつあるので，市場で「豆豉(とうし)」と称される大豆醗酵食品が販売されていたとしてもその周囲で作られた製品とは限らず，購入時に製造地域と製造者な

どを充分に聞き取っておく必要性がある．
　ダイズを初めて農作物として栽培した地域は，中国国内の2ヵ所のいずれかであろうとされている[1]．その1つが雲南省であるためか，省内の各地に豆豉が存在する．しかし，それらを製造利用している人々のほとんどは少数民族であり，多数民族である漢族は製造に直接関わっていないようである．豆豉は日本の糸引き納豆に相当する大豆醗酵食品に食塩とトウガラシを主要成分とする調味料を混合して製造されているが地域により製造の方法，製品の形状は微妙に異なっている．
　調査と採集の季節は初冬である11〜2月が最もよい．これは，ダイズの収穫期直後であるために保存食として豆豉を製造するのみでなく家庭でも製造しているからである．また，乾期であるために道路事情もよい．
　なお，古典的な方法[2]で豆豉を現在製造している地域を筆者は知りえていない．しかし，「3.3. 調査・採集例」に紹介するが微生物としてカビを使用して製造している例を一度見たことがある．
【備　考】
[*1]　省ごとの地図は1冊あたり20人民元前後（2007年現在）．
[*2]　〒101-0051 東京都千代田区神田神保町1-15　TEL：03-3294-0671

3.2. 現地における行動

　基本的には「2. 東南アジア地区での調査と採集」の「2.4. 現地における行動」に記述した通りである．
　市場内の安全性は高いが，他の国に比べると人々の歩みが速いのでぶつからないように注意が必要である．なお，市場内での交渉が成立して製造所を訪ねる場合は，ガイドを通して最初に謝礼を渡すことを勧める．謝礼に対する考え方が日本とは順序が異なっているためである．

3.3. 調査・採集例

　市場で聞き取り調査（図2-3）をしながら豆豉を購入して，交渉が成立すれば製造所を訪れることになる（図2-4）．近年の中国国内は人の移動が大きく，2，3年後に同一の場所を訪れても製造所がなくなっている場合がある．筆者の体験例を以下に述べる．
　ある年の12月に昆明市の郊外でカビを利用して豆豉を製造している工場を

図2-3 中国雲南省の市場にて．各種醗酵食品と共に豆豉が販売されていた（撮影：田中直義）．

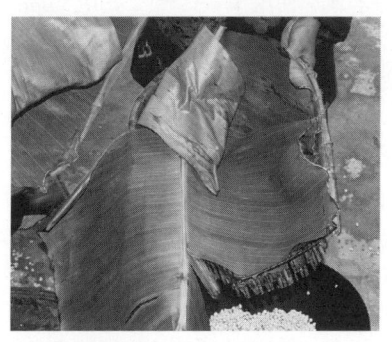

図2-4 豆豉の製法．煮た大豆をバショウの葉で包み，タケザルの上で7～10日間醗酵させる（撮影：田中直義）．

見つけた．試料を採集しないという条件で見学させてもらったところ，空中浮遊の微生物を利用して醗酵が行なわれており，煮た大豆の表面にケカビと思われるカビが増殖していた．スターターを添加することについては説明してもらえなかったが，醗酵室内は温度と湿度を調整していた．できあがった豆麹に類似する大豆醗酵食品を，食塩とトウガラシを主成分とする調味液に漬け込んで製品化するということであった．そして，製品のほとんどを台湾へ輸出すると話していた．しかし，3年後の夏に再び同地を訪れたところ，その製造所はなくなっていた．

【文　献】

1) 郭文韜：『中国大豆栽培史（渡部武訳）』農山漁村文化協会，1998．
2) 田中静一・小島麗逸・太田泰弘編訳：『斉民要術』雄山閣，1997．

(田中直義)

4. 納豆様食品の菌叢とその性質

　本節では，タイのトゥワナオに代表される，国内外の無塩大豆発酵食品からの *Bacillus* 属細菌の簡便な分離・同定法および特性評価法について述べる．通常，これらの食品中には *Bacillus* 属以外の細菌あるいは糸状菌等が含まれており，これらの微生物の分離を目的とする場合には，適当な抑制剤（胆汁酸塩や抗生物質など）を含む培地を使用することにより，*Bacillus* 属細菌の増殖を抑制する必要がある．詳細については日水製薬や栄研化学等，培地メーカーのカタログを参考にされたい．

4.1. 収集検体からの *Bacillus* 属細菌の分離

　Bacillus 属細菌は「耐熱性の内生胞子（Endospore）を形成するグラム陽性桿菌」であり，カタラーゼ陽性を示す[1]．最も一般的に行なわれる選択分離法は胞子の耐熱性を利用するものである．

　まず 1〜25 g 程度の検体を 9 倍重量の 0.9 %滅菌食塩水または生理食塩水（PBS）とともにストマッキングするか，または滅菌使い捨てチューブ内でよくかき混ぜる．胞子濃度が低いことが予想される場合には，硫酸ポリミキシン B を 1 l あたり 5〜10 万単位添加した普通ブイヨン（NB）を用いて上記の作業を行ない，30〜37 ℃で 24 時間以上（胞子が形成されるまで）培養したものを用いる．糸状菌が妨害となる場合には，1 mg/l カビサイジンを培地に添加するとよい．得られた溶液 3〜5 ml 程度を 70〜80 ℃の水槽中で 10〜20 分加熱する（この条件でほとんどの微生物の生菌数は 5 桁以上低下する）．

　B. cereus の胞子は *B. subtilis* のそれよりも耐熱性が低いことがあるので，予備実験によって，目的に応じた加熱条件の設定を行なうべきであろう．*B. subtilis* の胞子は加熱によって発芽が誘発されるため，加熱後，直ちに滅菌食塩水または PBS による段階希釈を行ない（9 ml の滅菌希釈液に前段階の溶液を 1 ml 加えることで 10 倍希釈とする），あらかじめ作成しておいた寒天平板

に0.1〜0.2 m*l* ほど塗布する（注：使用する寒天培地は普通寒天 [Nutrient agar] でよいが，NGKG 寒天 [日水製薬]，MYP 寒天 [Merck] あるいは PEMBA 寒天 [Oxoid] などを使用すると，*B. subtilis* と *B. cereus* の鑑別が容易である．*B. cereus* はマンニトール分解陰性かつ卵黄反応陽性）．

30〜37℃で18〜48時間ほど培養した後，よく分離したコロニーから定法に従って2回，普通寒天培地を用いて画線分離を行なう．

得られた菌株は普通寒天の斜面培養地上で充分に胞子を形成させた後，滅菌流動パラフィンを重層しておけば，4℃〜室温で5年以上保存可能である．あるいは普通ブイヨンで48時間培養した菌液に終濃度40%となるように滅菌グリセリンを添加して30分間放置した後，-80℃で凍結保存してもよい．

4.2. 分離菌の簡易同定

分離された菌を普通寒天培地上で18〜24時間培養する．培地へのグルコース添加は胞子形成を遅らせ，また大豆ペプトンの添加は胞子形成を遅らせるとともに *B. subtilis* の粘物質生産性を向上させるために，顕微鏡観察に用いる菌の培養に，これらを添加した寒天培地を使用すべきではない．3%過酸化水素水を1滴乗せたスライドグラスに滅菌爪楊枝でコロニーの一部を混ぜ，気泡の発生の有無を観察することでカタラーゼ反応陽性であることを確認する．

新鮮なコロニーの端の部分から少量，菌を滅菌爪楊枝などで取り（鉄線は使用不可），グラム染色を行ない，1000倍の油浸で形態観察を行なう．染色には Bartholomew & Mittwer（B & M）法に基づく試薬（和光純薬などで販売）を使用する．Hucker変法を使用するよりも色調鑑別が容易であり，かつ染色結果の個人差が出にくい．

顕微鏡観察により，菌の大きさ，形態に加え，胞子の形とスポランジウムの膨張の有無を確認する．胞子形成に時間がかかることがあるので，胞子が見られない場合には培養の継続を試みる．

嫌気増殖性の確認は，小試験管に作成した普通寒天培地の高層の底まで菌を刺線後，滅菌流動パラフィンを重層して培養すればよい．下層部まで強い増殖が見られれば，嫌気増殖性，全体にほとんど増殖が見られなかった場合には絶対好気性と，それぞれ判定する．

スポア形態，酸素要求性，糖資化性などの類似性を基に区分した場合，ほとんどの常温増殖性 *Bacillus* 属細菌は4グループに分類されるが（表2-1），こ

表 2-1　*Bacillus* 属細菌の分類

	代表株	酸素要求性	糖資化性	胞子
グループ1	B. polymyxa	酸素がなくとも旺盛に生育	種々の糖から酸を生成	長円型で母細胞をふくらませる
グループ2	B. subtilis	酸素がなくとも少しは生育（硝酸塩呼吸）	種々の糖から酸を生成	長円型で母細胞をふくらませない
グループ3	B. bravis	酸素がないと生育できない	糖から酸を生成しない	長円型で母細胞をふくらませる
グループ4	B. sphaericus	酸素がないと生育できない	糖から酸を生成する菌もいる	丸型で母細胞をふくらませる

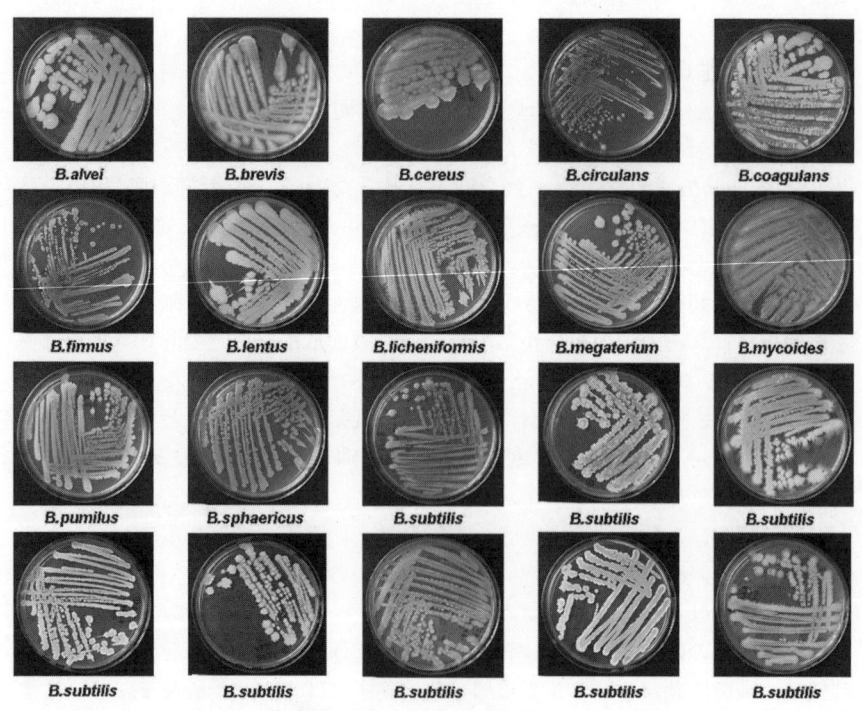

図 2-5　普通寒天培地上の *Bacillus* 属細菌のコロニー性状

表 2-2　代表的な Bacillus 属細菌の性状

グループ	菌名*	16S rRNA クラスタ	スポアの位置	非染色性小球	カタラーゼ	運動性	嫌気性増殖	VP反応	卵黄反応	リゾチーム (10 mg/l) 増殖	pH5.7 増殖	酸生成 グルコース	アラビノース	キシロース	マンニトール	澱粉分解	硝酸還元	カゼイン分解	チロシン分解	7%食塩増殖
1	B. alvei	3	CT	NT	+	+	+	+	+	+	-	+	-	-	-	+	-	+	v	-
1	B. circulans	1	CT	NT	+	v	v	-	-	v	v	+	+	+	+	+	v	+	v	v
1	B. larvae	3	CT	NT	-	+	+	-	-	v	-	+	-	-	-	+	+	-	-	-
1	B. lentimorbus	1	C	NT	-	+	+	-	-	-	-	+	-	-	-	-	+	-	-	-
1	B. macquariensis	3	T	NT	+	+	+	-	-	-	-	+	-	-	-	-	+	+	-	-
1	B. polymyxa	3	CT	NT	+	+	+	+	-	v	-	+	+	+	+	+	+	-	-	-
1	B. popilliae	1	C	NT	-	v	v	+	-	-	-	+	-	-	-	-	-	-	-	-
1	B. psychrosaccharolyticus	1	C	NT	+	+	+	-	-	+	-	+	-	-	-	-	-	-	-	NT
1	B. pulvifaciens	3	CT	NT	±	v	+	v	-	+	-	+	-	-	-	+	+	+	-	-
2	B. anthracis	1	C	+	+	-	+	+	(弱)	+	+	+	-	-	-	+	+	+	-	v
2	B. cereus	1	C	+	+	v	+	+	+	+	+	+	-	-	-	+	+	+	+	v
2	B. firmus	1	C	-	+	v	+	-	-	+	-	+	v	v	+	+	+	+	v	+
2	B. laterosporus	5	C	+	+	+	+	+	-	+	-	+	-	v	-	+	+	-	+	NT
2	B. lentus	1	C	NT	+	+	+	-	NT	+	-	+	+	+	+	+	-	-	-	+
2	B. licheniformis	1	C	-	+	v	+	+	-	+	+	+	+	+	+	+	+	+	v	+
2	B. megaterium	1	C	+	+	v	+	-	-	v	-	+	+	v	+	+	-	+	-	+
2	B. mycoides	1	C	+	+	-	+	+	+	+	+	+	-	-	-	+	+	+	-	+
2	B. pantothenticus	1	CT	NT	+	+	+	+	+	v	+	+	+	v	+	+	+	+	v	+
2	B. pumilus	1	C	-	+	v	+	+	-	+	+	+	+	+	-	-	-	+	-	+
2	B. subtilis	1	C	-	+	+	+	+	-	+	+	+	+	+	+	+	+	+	-	+
2	B. thuringiensis	1	C	+	+	v	+	+	v	v	v	+	-	-	-	+	+	+	v	+
3	B. badius	1	CT	NT	+	+	+	+	-	+	+	v	-	-	-	-	-	+	+	-
3	B. brevis	4	CT	NT	+	+	v	-	-	+	-	-	-	-	-	-	v	-	v	-
4	B. sphaericus	2	T	NT	+	+	-	-	NT	v	v	-	-	-	-	-	-	-	v	v
4	B. insolitus	2	CT	NT	+	+	-	-	NT	-	-	v	-	-	-	-	-	-	-	-
4	B. globisporus	2	T	NT	+	v	-	-	NT	-	-	+	-	-	-	v	v	+	v	-
4	B. psychrophilus	2	T	NT	+	v	-	-	NT	v	-	+	-	v	-	+	+	+	-	NT
5	B. coagulans	1	CT	NT	+	+	+	+	-	+	+	+	v	v	+	+	v	v	v	-
5	B. stearothermophilus	5	CT	NT	v	+	+	-	-	v	+	-	-	+	+	v	+	+	v	-

[C, T, CT] はスポアの位置がそれぞれ「中央」「中央から末端」および「末端」にあることを示す。[NT] および [V] はそれぞれ「未確認」および「種類によって変動」を意味する。

* 慣用名であって、現在の微生物分類学上、Bacillus 属近縁細菌として分類されるものを含む。

❖ 第2章　外国での納豆様食品の採集法

れは16S rDNAの塩基配列から得られたクラスターとは一致しない[2,3]．表2-2に主な*Bacillus*属細菌の鑑別指標を示した（ただし，同種の*Bacillus*がすべて同じ化学性状を示すわけではない）．日本ビオメトリュー社販売の「API50 CH」と専用培地（API50 CHB）を用いると，化学性状の違いに基づき，19種類の主要な*Bacillus*属細菌を同定することができる．ただしこの場合においても，コロニー性状と顕微鏡観察の結果を総合考慮したうえで菌種を同定する必要がある．

図2-5に，普通寒天上で発育した，いくつかの*Bacillus*属細菌のコロニー形態を示した．多くの場合，納豆様食品から分離される*Bacillus*属細菌は限定された種の菌株であることから，普通寒天培地あるいはGSP寒天培地上のコロニー形態と顕微鏡像のみでも，ある程度まで菌種の鑑別は可能である[4]．ただし*B. subtilis*は粘物質生産性の違いによって，隆起した典型的な納豆菌様のコロニー形態を示す菌株もあれば，寒天に固着した，乾いた（薄く拡散する）コロニー形態を示す菌株もある．粘物質生産性の*B. subtilis*を何回も継代し続けると，コロニー形態は一般に粘質物およびプロテアーゼ・アミラーゼ等の細胞外酵素を生産しない方に変化する．また*B. subtilis*の中には，Marburg168株のように湿潤かつメラニン生産性を示す菌株もある．粘物質をわずかしか生産しない*B. subtilis*の中には*B. cereus*や*B. megaterium*とコロニー性状が一見すると類似している菌株もあるが，前者は卵黄反応の有無によって鑑別が可能であり，後者は細胞が明らかに巨大なことから，顕微鏡観察によって見分けることが可能である．*B. licheniformis*もγ-ポリグルタミン酸を主成分とする粘物質を生産することがあるが，コロニーは寒天平板に固着し，周辺から粘物質が漏れ出すようなコロニー形態を示すことが多い．*B. licheniformis*と*B. coagulance*の多くは55℃でも増殖可能である．

4.3. 酵素生産性

分離菌のアミラーゼおよびプロテアーゼ生産性の程度は，寒天平板法でおおまかに知ることができる．1％グルコース添加あり・添加なし2種類の，0.5％可溶性デンプンまたは0.5％スキムミルク入り普通寒天平板を作成する．中央部によく分離したコロニーが生じるように試験菌を画線し，30〜37℃で18〜24時間培養する．アミラーゼ活性の検定は，デンプン入り平板にヨウ素液（ヨウ素0.1％・ヨウ化カリウム0.4％）を5〜10 m*l* 入れ，1分間放置した

後に液を捨てる．蒸留水を使用して同じ操作を行なった後に，コロニー周辺のクリアゾーンの有無を調べる．プロテアーゼについてはスキムミルクが分解して生じたクリアゾーンの有無により判定を行なう．いずれについてもグルコースを添加した平板の方が，酵素生産量が少ない．より正確な酵素活性の測定法については文献を参考にされたい[5]．

4.4. RAPD-PCR

分離された Bacillus 属細菌の遺伝学的な類似性を検討するために，RAPD-PCR法を使用することができる[5]．普通寒天培地上で生育させた菌を1～数コロニー程度白金耳で取り，これを0.5 ml のPBSに懸濁させたものを，微量遠心機で集菌する（5000 rpm，3～5分間程度）．上澄みを捨てて得られた菌体を1 ml のTE緩衝液に再懸濁させた後，同様に遠心分離を行なう．上澄みを捨てて得られた菌体から，Applied Biosystem社の"PrepMan Ultra"を用いて全DNAを抽出する．宝酒造販売の"Premix Taq"と適当な10 mer プライマー（5'-AGTCAGCCAC-3' など）を用いてPCR反応を行なう．得られたPCR反応生成物は1％アガロースゲルを用いて電気泳動を行なった後に，適当な方法で染色および観察を行なう．詳細は「1.3.2. RAPD解析による枯草菌・納豆菌の菌株識別法」参照．

【文　献】

1) Holt, J.G., N.R. Krieg, P.H.A. Sneath et al., *Bergey's manual of determinative bacteriology*. 9th Ed. Lippincott Williams & Wilkins, Philadelphia, 1994, pp559-564.

2) Priest, F.G., *Bacillus subtilis and other Gram-Positive bacteria*, American Society for Microbiology, Washington, D.C., 1993, pp3-16.

3) 近藤雅臣・渡部一仁：『スポア実験マニュアル』技報堂出版，1995，3-11.

4) 東量三：*New Food Industry* 4 (9)，1962，67-77.

5) Inatsu, Y., N. Nakamura, Y. Yuriko et al.：*Lett. Appl. Microbiol.*, 43, 2006, pp237-242.

（稲津康弘）

第3章

◯ 納豆製造法 ◯

1. 概説

　古来の納豆づくりは，大豆の煮豆を稲藁で包み，寄生した納豆菌で発酵させる苞納豆で，自家生産物であったが，江戸末期からは生産業者が出現したといわれる．しかし当時は納豆のできる理由がまったくわからず，神頼みの原始的製造法であった．

　納豆の生産技術は，明治時代に研究が盛んとなった微生物学を身につけた学者等の研究が納豆生成菌の解明に向けられ，その基礎が確立された．

　従来の非衛生な藁苞を使わず，清潔な経木や折箱と純粋培養の納豆菌だけで納豆を造る画期的な製造法を確立したのは，北海道大学　半沢洵博士であった．1916年農学部応用菌学教室で納豆菌の純粋培養に着手，供給をはじめ，1919年，「納豆容器改良会」を設立し，培養菌と改良容器による新しい"半沢式納豆製造法"を確立した．後に全国納豆協同組合連合会（全納連）初代会長になった三浦二郎は，博士の指導により発酵室の改造に努力を重ねた末，発酵後半の冷却と除湿を司る"通気口"を発案し，1921年，遂に工業化への成功をみた．この発酵室の天井に通気孔をつけた三浦式発酵室は文化室と呼ばれ，純粋培養の納豆菌と共に，工業化成功の革命的な出来事となり，ここに科学的製造法の基礎が確立された．

　1926年，札幌納豆容器改良会が発行した雑誌「納豆」の第1〜3号より編纂した半沢博士の『納豆製造法』には現代納豆製造法の基本がほとんど盛り込まれている．蒸煮には高圧蒸煮缶，接種には回転式攪拌機，室の構造，熱源，乾湿計，作業日誌など現代納豆製造法の基礎となるものが網羅されている．この

『納豆製造法・付録納豆文献集』[1]は1930年に第2版，1936年に第3版が出版され，当時としては最新鋭ともいえる宮城野納豆製造工場の製造実況の写真が掲載されている．

これによって，納豆製造業は零細ではあるが一応安定した企業として定着し，この科学的製造法は，大正末期から第2次世界大戦開始まで業界に徐々に浸透した．1940年には大豆が統制となり，全国納豆工業組合連合会が設立されたが，当時の組合員は633名，年間大豆処理量は25000tにも達した．

大戦後，納豆工業に大きな変革をもたらしたのは，生産の機械化であり，従来人手のかかる充填工程，包装工程の機械化であった．さらに，1960年頃からは納豆工業にとって天恵ともいえる冷凍機の普及時代に入り，生産に関しては，発酵工程のコントロール，低温熟成，保蔵などに，流通においては，コールドチェーンシステムの発達，家庭用冷蔵庫の普及などと環境が整えられた．また時を同じくして開始されたチェーンストアの展開により大量納入が要請されるなど納豆工業は大きく変貌した[2]．

このように冷凍機は発酵室においては，1970年以前は水や空気で冷却していた機構に代わり，熟成時の2次冷却までが行なえる，「プログラム制御式—冷蔵庫兼用型自動納豆発酵室」が開発され，業界は徹夜の発酵管理から開放された．

このように，業界に恩恵をもたらした発酵室ではあったが，除々に規模が拡大されると様々な問題が発生した．この主な問題点と改良方法は次の通りである．

(1)「連続式発酵室」の開発[3]

引き込みの時間差による製品のバラツキを解消する目的で，発酵段階に応じた雰囲気室を通過させ最終は冷蔵庫に入る方式である．特に単品の生産と24時間連続生産に偉力を発揮する方法であるが，多大な設備費を要する．

(2)「クロス・フロー式発酵室」の開発[4]

発酵室温は，誘導期までは±1℃でコントロールされ平均化されているが，対数期に入り発酵熱の発生が旺盛になると，温度の高い空気は上部に篭もり，またコンテナが空気攪拌の障害となり，上下に温度差が生ずる．

緩やかな風を側壁面から水平方向に均等に送り，コンテナ間隙を通過させ，発酵熱を移動し，対数期以降，発酵熱の篭もりによる室内温度差の均一化を計る方式である．

(3)「冷却塔・クーリングタワーシステム発酵室」の開発[5]

　従来の発酵工程中の室温のバラツキは，冷凍機が2次冷却までの過大な冷却能力をそなえており，1次並びに2次冷却初期の制御に，室温と冷媒温度の差が大きいため短時間の作動が行なわれること，また，冷凍機から各空調機に送られる冷媒の流れや，空調機内の冷媒の流動分布に偏りの起こることが原因であった．

　この解決には，発酵中の対数期および定常期における1次冷却能力と，2次冷却の機能の分割が必要であり，1次冷却には，この制御にふさわしい，小さな冷却能力で，時間をかけた緩やかな冷却攪拌を行なえば，発酵室全体の温度均一化が図れることが判明した．

　この具体的な方法として1次冷却および2次冷却初期の制御はクーリングタワーの冷却水で行ない，最終の2次冷却は冷凍機で行なう方法が良い．

　特に，この制御システムは，40℃の室温を，各地の年間気温の調査から上限33℃の冷却水を用いて，温度差7℃で制御できるため，納豆の発酵にとっては，理想的な室温の均一化が行なわれる．

　冷却塔を用いるため省エネルギー化と経費節減を図ることができ，冷却塔・クーリングタワーシステムのランニングコストは，現在の冷凍機電気料との比較から7％で済み，93％の経費が節減され，大幅なコスト削減となる．

　以上，本稿は納豆発酵室に偏ったが，今後，品質表示に生理機能性成分の酵素量などが加わるとすれば，品質の均一生産に向け製造全工程においてさらに検討改良が加えられなくてはならない．

【文　献】
1) 半沢洵：『納豆製造法・付録納豆文献集』札幌納豆容器改良会，1936.
2) 渡辺杉夫：「大豆月報」169号，1991, 9-19.
3) 鈴与工業：『連続式納豆発酵装置』特許第2760380号．
4) 鈴与工業：『納豆の醗酵室』特許第2089668，特願平8-296966.
5) 鈴与工業：『納豆の製造方法』特願2005-140065.

（渡辺杉夫）

2.　恒温器を用いる研究室規模の製造

　企業で行なわれている納豆製造では全工程にわたって科学的な管理がなされ

ており，特に発酵工程では納豆菌の繁殖や粘質物の生産等が適切に行なわれるよう，プログラム制御で温湿度および吸排気管理が行なわれている．これに対し，恒温器では温湿度管理等を十分に行なうことができないため，企業が製造するような納豆を作ることは難しい[1]．

したがって，恒温器で納豆を製造する場合は，引き込み時の煮豆品温や引き込み量等をできるだけ一定にして発酵時の品温のバラツキが少なくなるようコントロールするとともに，恒温器内（納豆容器内）を飽和に近い湿度に保持するよう工夫する必要がある[2]．

一般的な納豆製造法については長谷川[3]や渡辺[4]が詳細に解説していることから，これら文献記載の方法も引用し，研究室規模での納豆製造において考慮すべき点について解説する．

なお，ここでいう恒温器とは断熱構造の装置にヒーターと吸気孔が付いたもので，冷却機能，加湿機能等は付いていないものを示す．強制送風式の恒温器は発酵熱の保持が難しいうえ，送風により煮豆表面が乾きやすくなるため納豆製造には適さない[1]．

【方　法】
(1) 大豆洗浄・浸漬[3]

大豆表面には埃や多数の微生物が付着しており，これを洗い流すための洗浄工程が必要である．洗浄が不十分な場合，浸漬中に雑菌が増殖し，浸漬水が変敗して納豆菌の増殖に影響を及ぼすことがある．

大豆の浸漬は，品種，粒径にかかわらず子葉の中心部まで十分に吸水させる必要があるが，浸漬水温が高いほど浸漬時間は大幅に短縮される．夏の水温として予想される25℃では7.5時間で浸漬が完了し，冬場の水温として想定される10℃では24時間かかることになるため，水温を考慮して浸漬時間を決定する必要がある．

具体的な小粒大豆の浸漬時間としては長谷川が示す20℃・16時間，10℃・24時間や，渡辺[4]が紹介した10℃・23～24時間，15℃・17～18時間，20℃・13～15時間あたりが1つの目安となる．

ただし，最適浸漬時間は品種，粒径などで異なるため，あらかじめ，ザルや袋に一定量の大豆（例えば100 g）を入れ，一定温度（例えば冷蔵庫内）で水に漬けて経時的に重量を測定し，重量増がなくなり子葉の隙間がなくなった時間を確認することが望ましい．品種にもよるが飽和吸水点において重量は2.2

倍ほどになる.

なお，よく洗浄しても原料大豆から雑菌を完全に洗い去ることが不可能であることから，浸漬時間が必要以上に長くなると雑菌の増殖を招き，浸漬水のpHが低下したり，大豆の養分が消費されたりするため，注意が必要である．浸漬水温が高い場合は，雑菌増殖を防止するため水道水を流しながら浸漬するとよい[1]．

(2) 大豆蒸煮

大豆蒸煮は浸漬大豆を30分から1時間程度水切りし，蒸煮釜（もしくはオートクレーブ）を使用するのが一般的である．

蒸煮条件は原料大豆ごとに決める必要があるが，蒸煮大豆の硬さは親指と薬指（小指）で軽くはさんですぐつぶれる程度が良いとされる[1]．目安としては納豆試験法に従い，水分を失わないよう常温に冷却した蒸煮大豆を上皿時計秤に載せ，1粒ずつを人差し指で押しつぶし（1粒ずつ蒸煮大豆を秤に載せてつぶしても可），つぶれたときのg数をもって硬さとし，20〜100粒の平均値が120g前後となる硬さを目標にすればよい[5]．

ただし，豆の硬さは品温によって変わるため，測定時の品温を一定にする必要がある[3]．

蒸煮が浅いとゴリゴリ感，生豆臭が残り，蒸煮が過剰になると発酵が遅れ，苦味などが発生する[3]．

蒸煮釜での処理条件は，工場生産では圧力が上がってから何十分間蒸したか，また蒸気を止めて何分間蒸らしたかの時間だけを考えればよい．しかし，研究室では少量処理の場合が多いので，急速に水蒸気を抜いて圧力を下げると煮豆から出る水蒸気のために大豆の皮が吹き飛ばされてしまう．そこで，研究室規模で小型の釜を使用する場合には，空気を排除してバルブを閉めてから一定圧になるまでの時間と，一定圧で蒸煮した時間および熱源を止めてから圧力が蒸圧に戻るまでの3段階の合計時間を考える必要がある[2]．

具体的な処理条件としては，納豆試験法[1]はオートクレーブで$1\,kg/cm^2$達圧後60分間蒸煮を，林[2]は蒸煮釜で$2\,kg/cm^2$達圧後加熱を止めて常圧に戻るまでの保持を，長谷川[3]は蒸気釜で$2\,kg/cm^2$達圧後30分間の蒸煮を，相原[5]らは圧力鍋で$1.3\,kg/cm^2$達圧後8分間蒸煮，加熱を止めてそのまま15分間保持した後に脱圧することを報告している．

よって，蒸煮条件は，上記実施例を参考に，原料大豆や使用する蒸煮釜を考

慮して設定するとよい.

なお,大豆蒸煮にオートクレーブを使用する場合は,処理量が多いとムラ煮えが生じるため,大豆の層をあまり厚くせず,金カゴ1つあたり蒸し布で包んだ浸漬大豆500g程度を入れて蒸煮するとよい[1].大豆の品温が低い冬場などは,あらかじめ5～10分間常圧で蒸してから加圧を開始すると,蒸しむらが少なくなる.

(3) 接種

市販スターター(納豆胞子菌液)の煮豆への添加接種量は,煮豆1gあたり$5×10^3$個の接種が標準とされている[3,4]が,接種量が増えるほど,旨味やアンモニア臭が強く,熟成が進んだ納豆になる.使用納豆菌,納豆容器への盛込量,使用大豆などによっても熟成の進み方が異なることから,試験条件にあった接種量を決めて試験を行なうとよい.

一方,研究室で分離・調製した納豆菌をスターターとして使用する場合は,胞子化率が低いなど耐熱性が不十分な可能性を考慮して,最低でも煮豆1gあたり$5×10^4$個以上接種する方がよい.こうすることで醗酵が進みすぎることはあるものの,素豆(表面に菌膜が形成されず見かけ上煮豆のままの状態)のまま納豆にならない可能性が減少する.

スターターの添加のタイミングは,雑菌汚染防止の観点からできるだけ煮豆が高温のうちに行なうのが望ましい[3].添加品温としては,納豆試験法[1]では85℃位を,渡辺[4]は90～70℃を望ましいとしている.

スターターは,あらかじめ滅菌し50℃以下に冷却した蒸留水で約1000倍に希釈して,$5×10^5$個/ml程度にしておくと使いやすい[1].

煮豆へのスターターの添加では,滅菌したステンレス製のボールに煮豆を入れ,煮豆100gあたり希釈スターター1mlを滅菌したスプレーで撒くのが理想であるが,ピペット等を使用する場合は,何回かに分けて添加し,滅菌したスパーテル等でよく混合してスターターを煮豆に均一に付着させる必要がある[1].

スターターを接種した煮豆は品温が下がらないよう,速やかにポリスチレンペーパー(PSP)容器に盛り込み,ポリエチレンフィルムを被せて恒温器に引き込む[1].引き込み時の煮豆品温は50℃以上が望ましい.恒温器に入れたときの煮豆品温が40℃を下回った場合は良い納豆はできないことが多い.

盛り込み容器として三角フラスコを使用する場合は,原料大豆10gでは100ml三角フラスコを,50～100gでは500ml等の大型フラスコを使用し,フ

ラスコ中で大豆を浸漬後,蒸煮し,煮豆が熱いうちに素早くスターターを添加後,フラスコを回してスターターを十分に大豆に付着させるとよい[2]．

(4) 発酵

　企業では,温湿度および吸排気管理の可能な発酵室に容器に盛込んだ煮豆を引き込み,発酵後半を50℃前後で経過させ,合計で18〜20時間程度発酵させて納豆を製造している[4]．

　しかし,通常の恒温器には発酵前半の湿度保持や,発酵後半の品温上昇を抑える機能はない．

　そこで,恒温器にPSP容器を引き込み後,器内の室温を37〜41℃として18〜24時間発酵させ,発酵後半の納豆品温を50℃前後に調整する[1]には,引き込み時にPSP容器をひと棚あたり2段以上積んで発酵初期はできるだけ発酵熱が逃げないようにし,品温が50℃前後に達した後は,容器の積み段数を減らしたり室温を下げたりするなどして,品温の過剰な上昇を抑える工夫が必要となる．蒸煮大豆の引き込み温度および引き込み量を一定量にして,品温が52℃を超えないように調整するのが重要である．なお,温度の確認に温度記録計（おんどとり［ティアンドデイ］など）を使用すると全工程の品温経過がわかる．

　発酵前半の湿度を高める方法としては,恒温器内に熱湯を入れたシャーレを入れる方法が紹介されている[1]．三角フラスコを仕込容器とした場合でも,引き込み量が少ない場合は恒温器内の下方に水を入れたシャーレを1〜2個置いた方がよいとされる[2]．仕込容器がPSP容器の場合は,恒温器内の湿度が低いことによる顕著な影響は見られないが,湿度30〜50％では納豆表面がやや乾燥気味となる[3]．

　なお,恒温器内に隙間なくPSP容器を引き込むと,中心部の容器内に酸素が行き渡らなくなり素豆が発生する可能性がある[3]．

(5) 熟成

　納豆発酵工程で品温を40〜50℃の温度帯に保持し続けると,糖質が欠乏して遊離アミノ酸が炭素源として使用されアンモニアが生成してくる．そこで,納豆菌の発酵を終了させてアンモニアの生成を抑え,味を整えるため,発酵終了後に強制的に冷却して納豆品温5℃以下まで低下させ,その温度帯で一定時間保つようにする．この工程を熟成という[3,4]．

　熟成は通常5℃以下で一晩程度行なわれることが多く[3,4],研究室での製造

の場合も保存温度と時間を定めて行なうとよい．なお，高温で発酵中の納豆を急冷すると内部に結露が生じやすいため，一度室温程度まで放冷後，熟成温度まで冷却するのがよい．

【文　献】
1) 納豆試験法研究会・農林水産省食品総合研究所編著：『納豆試験法』光琳，1990，12-16．
2) 林右市：「納豆科学研究会誌」2，1978，1-31．
3) 長谷川裕正：『茨城県工業技術センター納豆講習会資料』茨城県工業技術センター，2006，1-19．
4) 渡辺杉夫：『食品加工シリーズ5 納豆』農文協，2002，58-71．
5) 相原昭一・荒井久美子：「栃木県食品工業指導所研究報告」1，1987，51-56．

（宮間浩一）

3.　自動納豆製造装置を用いる小規模製造

【器具および試薬】
　トーマ氏血球計算盤，ホモジナイザー（日本精機製作所，カップ，カッターはアルミ箔で包んで滅菌しておく），滅菌蒸留水，さらしの袋（約25×25 cm），滅菌済ボール（アルミ箔でフタをする），滅菌済薬匙，消毒用エタノール，脱脂綿

【方　法】
(1) 菌液の調製
　以下の菌液の調製は大豆を蒸煮している間に行なう．
　ｉ) スターターを添加する場合
　　1) トーマ氏血球計算盤を用いてスターター懸濁液の菌数を測定する．
　　2) 測定結果と蒸煮大豆の重量から接種菌数を算出し，スターター懸濁液を滅菌水で希釈する．菌液の接種量は蒸煮大豆1 gあたり10〜20 μl程度．
　　　例) スターター懸濁液の菌数が10^8個/ml，接種菌数10^3個/蒸煮大豆1 g，接種量20 μl/蒸煮大豆1 g，50 g納豆3パック製造の場合：
　　　　蒸煮大豆，(50+5) g×3パック=165 g；接種菌数，165 g×10^3個；菌液接種量，20 μl×165 g=3.3 mlとなるので，スターター懸濁液を5×10^4個/mlに希釈して用意しておく（使用直前まで氷水

で冷却しておく）．
　ⅱ）培養菌体を添加する場合
　　1）前もってスラントに納豆菌を塗布し 37 ℃で約 24 時間培養しておく．
　　2）白金耳で培養菌体を掻きとって滅菌蒸留水に懸濁し，ホモジナイザーを用いて均一にする（懸濁の目安：10000 rpm×5 分）．
　　3）トーマ氏血球計算盤で懸濁液の菌数を測定し，スターターの場合と同様に菌数を調製して用意しておく．

(2) 大豆の浸漬・蒸煮
　　1）洗浄した大豆をボールに入れて大豆が十分に浸るように水道水を入れ，10 ℃で約 17 時間浸漬する．浸漬後の大豆は約 2.2 倍の重量になる．
　　2）浸漬大豆の水を切り，さらしの袋に入れる．蒸煮中に大豆が飛び出ることがあるので，袋の口を軽く折り曲げて閉じる．一袋あたり浸漬大豆 200 g 程度とする．
　　3）これらをオートクレーブ用のカゴよりもひと回り小さいカゴに入れる．袋が複数になる場合には，袋と袋の間にも蒸気が通るように小試験管立てなどを挟む．
　　4）オートクレーブには底板よりも少し上まで水を入れておく．カゴを 2 つ重ね，上段には大豆入りの袋を置き，下段には煮汁受けとしてボール等を置く．
　　5）浸漬大豆が 1 kg 以下の場合は，121 ℃で 70 分運転蒸煮する．1 kg 以上の場合は 75 分とする．131 ℃で蒸煮できる場合は 20 分を目安とする．

(3) 接種
　　1）手指や作業場付近を消毒用エタノールで消毒する．
　　2）蒸煮終了後，オートクレーブが開封可能な温度（約 98 ℃）に下がったら直ちに大豆を取り出し，一旦滅菌済（またはエタノール消毒済）ボールにすべての蒸煮大豆を入れる．
　　3）さらに別の滅菌済ボールに必要な蒸煮大豆の量を天秤で計量しながら移す．
　　4）大豆がおよそ 85 ℃以上のうちに調製しておいた菌液を滅菌済ピペットで添加し，滅菌済薬匙で豆を潰さないように，均一になるように撹

拌する.
5) 天秤で計量しながら容器*1に充填し，孔をあけたポリエチレンフィルムを被せてフタをする（輪ゴム等でとめる）．

(4) 発酵
　自動納豆製造装置（鈴与工業，SY−No.20型）を用いる（図3−1, 2）．装置には，標準プログラムとして2つの温度・湿度プログラムがあらかじめ組み込まれており，さらに独自にプログラミングできるようになっている．村松ら[1]は，製造初発温度を菌の最適生育温度に設定するプログラムが良いと報告しており，ここではそのプログラム例を紹介する．
1) 準備として使用する温度・湿度プログラム（表3−1）を設定しておき，充填後すぐに運転が開始できるようにしておく．
2) 充填した容器を装置庫内に入れて運転を開始する．

(5) 熟成
　発酵開始から24時間後に冷蔵状態になるようにする．自動納豆製造装置の場合は，開始から24時間後に5℃になるように設定が可能である．連続して納豆を製造する場合には，発酵終了の段階で冷蔵庫へ移して熟成させる．

図3−1　自動納豆製造装置
右上に操作パネル，左上に端子盤，その下に温・湿度・風量の調整可能な発酵室がある．

図3−2　装置庫内の様子

表 3-1 自動納豆製造装置でのプログラム例

時間	庫内温度	時間	庫内湿度
00：00～08：00	最適生育温度	00：00～07：00	80 %
10：00～13：00	最適温度＋5 ℃	08：00～15：00	75 %
15：00～20：00	最適温度	15：00～	55 %
24：00～	5 ℃		

【備　考】
[*1] 容器については，全国納豆協同組合連合会のウェブページに，取り扱い社名が掲載されている（http：//www.710.or.jp/about/nsmember/youki.html）．

【文　献】
1) 村松芳多子・勝股理恵・渡辺杉夫ら：「食科工」48, 2001, 277-286.
2) 三星沙織・小櫃理恵・川畑奈緒ら：「食科工」53, 2006, 165-171.

(三星沙織)

4. 納豆（固体）発酵のガスモニタリング

以下に発酵室（A）およびパック（B）の計測法を図示（図3-3）し，ガス計測の方法および利用法を説明する．

4.1. 発酵室ガスモニタリング（A）の測定パラメータおよび算出パラメータ

測定パラメータとしては，①送気流量，②排気流量（送気流量を代用するか，送気流量から算出する場合が多い），③ O_2 濃度差分（送気濃度－排気濃度），④ CO_2 濃度差分（排気濃度－送気濃度）などがある．また測定パラメータから算出されるパラメータとしては①酸素消費率（OUR），②炭酸ガス排出率（CER），③呼吸商（RQ）などがある．

図3-3の納豆パックガスモニタリング（B）の測定パラメータとしては，O_2 濃度（または CO_2 濃度）がある．

4.2. ガス計測の利用法

発酵室（A）およびパック（B）のガス計測により得られた計測値は，以下

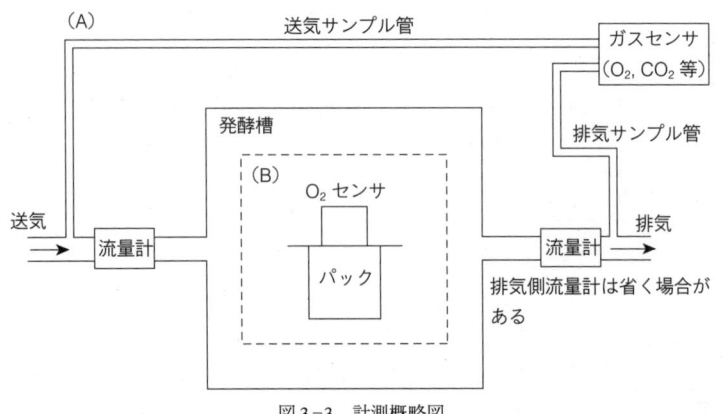

図3-3 計測概略図

の目的に利用できる．
1) 代表的なガス濃度パターンを実験で求めておき，生産時にそのパターンを再現することにより，同質の生産物を得る（AおよびB）．
2) 測定パラメータから発酵槽の送気，温度，湿度等を発酵過程に応じて制御し，同質の生産物を得る（A）．
3) ガス濃度パターンから早期に発酵過程の異常を発見できる（AおよびB）．

4.3. 納豆パック内の酸素濃度モニタリング詳細説明[1]

以下に実験に用いた，納豆パックガスモニタリング（B）の酸素濃度計測法の詳細説明をする．

まず，パックの小さなヘッドスペースで計るためにセンサに求められる性能は，①サンプル消費量が少ないこと．②温度により出力変化が少ないこと．ただし，パック内湿度は常に100％近くと考えられるので，湿度はあまり考慮する必要はない．③他のガス濃度（CO_2等）の影響を受けないこと．④寿命が長いこと．⑤電解液を使用する場合は液漏れしないこと．

以上の要求性能を満たす酸素センサとして日本電池（株）製のKE-25を選定した．

【備　考】
①のサンプル消費量に関しては，メーカーの技術資料には明記されていない

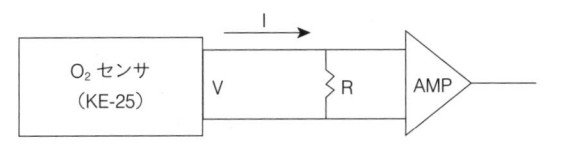

図 3-4 センサ電気回路図
センサ出力電圧値 V = 15 [mV], アンプ入力抵抗値 R = 1 [MΩ], センサ出力電流値 I = 15 [nA].

ので図を用いて以下に説明する.

図 3-4 の回路で発酵時間を 24 時間とした場合の O_2 センサの総消費電気量 Q_D を求めると

$$Q_D = 24 \times 3600 \times 15 \times 10^{-9} = 1.3 \times 10^{-3} \text{ [C]} \cdots\cdots Ⓐ$$

また O_2 センサの全反応式はメーカー資料(日本電池:『酸素センサ技術資料』)より,

$$O_2 + 2Pb \rightarrow 2PbO + 4e \cdots\cdots Ⓑ$$

すなわち,O_2 分子 1 個の反応で 4 個の電荷を取り出せるので,納豆パックのヘッドスペースが 10 ml,O_2 濃度が 20 % と仮定した場合,全酸素が反応したときの総電荷量 Q_T を概算すると,

$$Q_T = \frac{10 \times 0.2}{22 \times 10^3} \times 6.0 \times 10^{23} \times 4 \times 1.6 \times 10^{-19} = 35 \text{ [C]} \cdots\cdots Ⓒ$$

(22×10^3:完全気体の体積 [ml/mol],6.0×10^{23}:アボガドロ定数 [/mol],1.6×10^{-19}:素電荷 [C])

よってⒶをⒸで割ると,

$$\frac{Q_D}{Q_T} = \frac{1.3 \times 10^{-3}}{35} = 3.7 \times 10^{-5}$$

これはヘッドスペースの酸素量が,センサの酸素消費量に対して十分な量であることを意味する.

O_2 センサを使用する場合に注意することを以下に列挙する.

1) 発酵槽内は高温多湿になるので,電気配線の腐食,接触不良,絶縁不良に注意すること.
2) 電解液には毒性があるものが多いので,安全性を十分に考慮すること.

なお,実際の製造工程でのモニタリングテストから次の特許が取得された.

・鈴与工業，ウエストロン「納豆の製造方法及びその装置」酸素消費量，増加炭酸ガス量の検出．特許第 1760420．
・鈴与工業，ウエストロン「納豆の製造方法及びその装置」アンモニアガス濃度検出．特許第 1760419．

（渋谷寛人）

第 4 章

品質管理

1. 原料大豆

1.1. 加工適性

(1) 粒径

農作物規格規程（平成13年2月28日農林水産省告示第244号）に定められた粒径と業界の自主基準がある（表4-1）．業界の自主基準は，商品への表示の関係で農作物規格規程とは若干異なる．

【器　具】

丸目ふるい

表4-1　粒度区分表

区分	農作物規格規程（ふるいの目の大きさ）	全国納豆協同組合自主基準
大粒大豆	直径7.9 mm（つるの子および光黒（北海道で生産されたもの），ミヤギシロメ（岩手県および宮城県で生産されたもの）並びにオオツル（群馬県，富山県，石川県，福井県，三重県，滋賀県，京都府および兵庫県において生産されたもの）にあっては直径8.5 mm）	直径7.3 mm以上のものが70 ％以上
中粒大豆	直径7.3 mm	直径6.4 mm以上～7.3 mm未満のものが70 ％以上
小粒大豆	直径5.5 mm	直径5.8 mm以上～6.4 mm未満のものが70 ％以上
極小粒大豆	直径4.9 mm	直径5.8 mm未満のものが70 ％以上

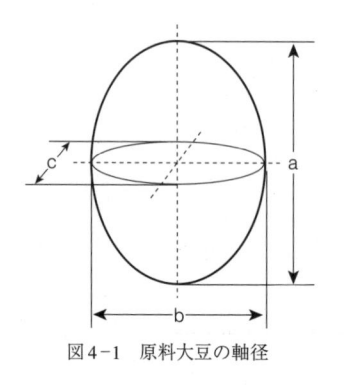

【方 法】

表4-1の区分に応じ，それぞれの大きさの目の丸目ふるいをもって分け，ふるいの上に残る粒をいう．農作物規格規程以外に，全国納豆協同組合連合会の自主規準がある．

(2) 体積および形状指数[1]

【器 具】

ノギス

図4-1 原料大豆の軸径

【方 法】

大豆30粒について図4-1のように長軸径，中軸径，短軸径を測定し，その平均値をa，b，cとする．

【計 算】

$$体積(V) = \frac{1}{6}\pi abc$$

$$形状指数(G) = \frac{1}{4} + \frac{3}{8A^2} + \frac{3}{8B^2}$$

ただし，A＝a/c，B＝b/cである．形状指数(G)は，球ではA＝B＝C＝1でG＝1となり，無限平板ではA＝B＝∞でG＝1/4となる．すなわち，大豆の形状が球に近いほどGの値は1に近づき，扁平であればあるほど1/4に近くなる．

(3) へその色

白，褐，茶，黒色等と記載する．

(4) 種皮色

黄，黒色等と記載する．

(5) 子葉色

黄色等と記載する．

(6) 健全粒率

百粒中の健全粒数の割合で表わす．

(7) 被害粒率

百粒中の被害粒数の割合で表わす．

(8) 硬実粒率

浸漬大豆百粒中の硬実粒数の割合で表わす．

(9) 百粒重

健全粒百粒重の乾物換算値の割合で表わす．

(10) 空隙率

【試　薬】

流動パラフィン

【方　法】
1) 100 ml 容メスシリンダーに試料大豆を 100 ml の目盛り以上になるまで入れる．
2) 流動パラフィン 100 ml を別の 100 ml 容メスシリンダーにとる．
3) 大豆の入ったメスシリンダーに，流動パラフィンを，気泡が生じないように壁面にそって，100 ml 容の目盛りまでゆっくり加える．このときの流動パラフィンの所要量を空隙率（%）とする．

(11) 丸大豆水分[2)]

【器　具】

大型アルミ製秤量皿（ふた付き，直径 80 mm×深さ 45 mm），乾燥器

【方　法】

ⅰ）105 ℃，16 時間法
1) あらかじめ恒量（W_0）を求めておいた大型アルミ製秤量皿に，健全粒約 20 g を量り取り（W_1），105 ℃，16 時間乾燥する．
2) デシケーター中で 1 時間放冷後，秤量する（W_2）．

ⅱ）130 ℃，3 時間法

上記の方法で乾燥温度と時間を 130 ℃，3 時間に変えた方法である．

【計　算】

$$丸大豆水分（\%）= \frac{(W_1 - W_2)}{(W_1 - W_0)} \times 100$$

W_0：恒量とした秤量皿の重量（g）
W_1：試料を入れた秤量皿の乾燥前の重量（g）
W_2：試料を入れた秤量皿の乾燥後の重量（g）

【備　考】
・水分測定値は各種加工適性値の乾物換算用に使用する．
・簡易的には大豆水分計ダイザー（ケット科学研究所）を用いて測定する方法もある．

(12) 発芽率[2]

発芽率が低いことが即座に納豆加工に適さないとはいえないが，貯蔵管理の不備の指標と考えられる．

【方　法】
1) 平らな容器にペーパータオルを敷き十分水を含ませる．
2) 十分吸水させた大豆100粒をおく．
3) 25℃の恒温器で3日間発芽させる．腐敗粒はその都度除去する．

【計　算】

$$発芽率(\%) = \frac{発芽数}{(100-腐敗粒)} \times 100$$

(13) 皮浮き率

異常に皮浮きが多い場合は，機械充填時に皮がむけスムーズな充填ができなくなる可能性がある．

【方　法】
1) 大豆100粒を平らな容器に入れ，大豆全体が十分隠れるまで水を入れる．
2) 室温で約15分放置する．
3) 種皮のみが子葉から離れて膨張している粒数を数える．

【計　算】

$$皮浮き率(\%) = 皮浮き粒数$$

(14) 吸水率（浸漬大豆重量増加比）[2]

浸漬時に大豆がどれだけ水を吸うかの指標であり，原料大豆からどれだけの納豆が製造できるかの目安になる．

【方　法】
1) 健全粒約20gを量り取り（W），ビーカーに入れ，水100mlを加える．
2) 25℃，16時間浸漬する．
3) 水切り後，重量測定する（W_1）．
4) 健全粒大豆乾物あたりの増加率で表わす．

【計　算】

$$吸水率 = \frac{W_1}{W \times \left(1 - \frac{W_w}{100}\right)} \times 100$$

W：試料重量（g）
W_1：浸漬大豆重量（g）
W_w：丸大豆水分（%）

【備　考】
乾物換算をしない方が現場により近い値になる．

(15) 浸漬液中固形物溶出率[2)]

【器　具】
ろ紙（アドバンテック東洋№2），蒸発皿，湯煎

【方　法】
1) 健全粒20 gを300 mlビーカーに量り取り（W），水100 mlを加え，25℃，16時間浸漬する．
2) 浸漬液をろ別し，あらかじめ恒量（W_0）を求めておいた蒸発皿に取り，湯煎上で蒸発乾固させる．
3) 105℃で乾燥し恒量（W_1）を求め，原料大豆乾物あたりの溶出率に換算する．

【計　算】
$$溶出率(\%) = \frac{(W_1 - W_0)}{W \times \left(1 - \dfrac{W_w}{100}\right)} \times 100$$

W：試料重量（g）
W_0：恒量とした秤量皿の重量（g）
W_1：試料を入れた秤量皿の乾燥後の重量（g）
W_w：丸大豆水分（%）

(16) 蒸煮大豆重量増加比[2)]

【方　法】
1) あらかじめ重量（W_0）を求めておいたステンレス製ざるに，健全粒適当量を量り取る（W_1）．
2) オートクレーブを用い，常圧から，1.2 MPaに達する所要時間を5分，1.2 MPaで10分間保持，ついで9分で常圧とする条件を使用する．
3) 蒸煮終了直後に重量（W_2）を測定する．
4) 健全粒大豆乾物あたりの増加率で表わす．

【計　算】

$$蒸煮大豆重量増加比 = \frac{(W_2 - W_0)}{(W_1 - W_0)\left(1 - \dfrac{W_w}{100}\right)} \times 100$$

　　　　W_0：ステンレス製ざるの重量（g）
　　　　W_1：試料を入れたステンレス製ざるの蒸煮前の重量（g）
　　　　W_2：試料を入れたステンレス製ざるの蒸煮後の重量（g）
　　　　W_w：丸大豆水分（%）

【備　考】
　　・小型の納豆製造用回転蒸煮缶を用いると 0.2 MPa までの蒸気圧が試験でき，現場の条件に近くなる．
　　・乾物換算を行なわない方が現場の条件に近い数値がえられる．

(17) 蒸煮大豆水分含量
【器　具】
　　大型アルミ製秤量皿（ふた付き，直径 80 mm×深さ 45 mm），乾燥器
【方　法】
　　1) あらかじめ恒量（W_0）を求めておいた大型アルミ製秤量皿に，(16) 蒸煮大豆重量増加比測定後の蒸煮大豆約 50 g を量り取り（W_1），105 ℃，16 時間乾燥する．
　　2) デシケーター中で 1 時間放冷後，秤量する（W_2）．

【計　算】

$$蒸煮大豆水分(\%) = \frac{(W_1 - W_2)}{(W_1 - W_0)} \times 100$$

　　　　W_0：恒量とした秤量皿の重量（g）
　　　　W_1：試料を入れた秤量皿の乾燥前の重量（g）
　　　　W_2：試料を入れた秤量皿の乾燥後の重量（g）

(18) 蒸煮大豆の硬さ（納豆も同様）[2〜4]
　ⅰ）上皿天秤を用いる方法
【器　具】
　　上皿天秤
【方　法】
　　1) 蒸煮大豆の水分を失わないようにして 20 ℃に冷却し，上皿上に適当

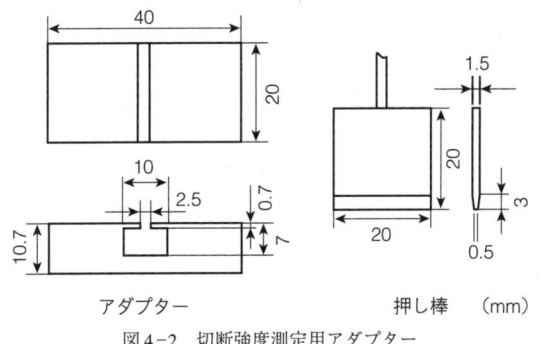

図 4-2 切断強度測定用アダプター

数大豆をのせ，1粒ずつ人差し指で押しつぶし，つぶれたときの g 数をもって硬さとする．
2) 20〜100粒の平均値を求める．

【備　考】
ピークホールド機能付き上皿電子天秤（最大荷重で表示が停止する機能，新光電子製など）を用い，切断強度測定用の押し棒を用いるとレオメーターを用いた場合に近い値が容易に得られる．

ⅱ) レオメーターを用いる方法

【器　具】
レオメーター，納豆切断強度測定用アダプター（図 4-2）

【方　法】
1) 蒸煮大豆の水分を失わないようにして 20℃に冷却する．
2) 1粒ずつアダプターに乗せ，押し棒によって切断し，強度ピークを硬さ (g) とする．
20〜100粒の平均値を求める．

【備　考】
納豆を測定する場合，粘質物により滑りやすいので，アダプターの溝の両側に滑り止めとして紙ヤスリなどを貼っておくとよい．

(19) 蒸煮大豆の粒状

【方　法】
蒸煮直後の大豆を 20〜100粒とり，健全，皮浮き，くずれ，および石豆の各粒数の割合を算出する．

(20) 蒸煮大豆の色調[2,4]
【器　具】
　　乳鉢，色差計
【方法①】
　蒸煮大豆を 50 g 以上採取し，乳鉢で磨砕後，測色用の円筒容器に詰め，表面色を色差計で測定する．
【方法②】
　蒸煮大豆をラップフィルムで挟み，シャーレなど平らなもので軽くつぶし，色差計にオプションのオプティカルファイバーを接続し，1 粒ずつ 10 粒程度の表面色を測定し，平均を求める．
【備　考】
　測定値は Yxy 系または L*a*b* 系で表わす．

1.2. 成分組成

　近赤外分析装置を用いて多成分を同時に測定する方法もある．
(1) 試料の調製[5]
　以下の成分分析に用いる試料を調製する．
【器　具】
　　ローラーミル
【方　法】
　水分測定用試料についてはローラーミルを用いて粗砕し，試料とする．その他の分析試料としてはさらにコーヒーミルなどで細かく粉砕する．

(2) 水分[5]
【器　具】
　　アルミ製秤量皿（ふた付き，直径 55 mm×深さ 25 mm），乾燥器
【方　法】
　試料約 5 g をアルミ製秤量皿に採取し，130 ℃，2 時間乾燥する．デシケーター中で 45 分放冷後，秤量する．
【計　算】

$$水分(\%) = \frac{(W_1 - W_2)}{(W_1 - W_0)} \times 100$$

　　　W_0：恒量とした秤量皿の重量（g）

W_1：試料を入れた秤量皿の乾燥前の重量（g）
W_2：試料を入れた秤量皿の乾燥後の重量（g）

【備　考】
　測定値は，タンパク質，脂質，灰分，糖質の測定値の乾物換算用に使用する．

(3) タンパク質[5]

【器　具】
　分解用加熱装置，ケルダール分解用フラスコ：300～500 ml，アンモニア蒸留装置，滴定装置

【試　薬】
・分解促進剤：硫酸銅（$CuSO_4 \cdot 5H_2O$）と硫酸カリウム（特級）を9：1の割合で乳鉢でよくすりつぶし混合する．
・ショ糖：空試験に，試薬用ショ糖または市販の精製糖を用いる．
・沸騰石：1.7～1.4 mm目（10～12メッシュ）の粒度．
・砂状亜鉛：850 μm（20メッシュ）より大きい粒度．
・中和用水酸化ナトリウム溶液：水酸化ナトリウム（特級）450 gをイオン交換水500 mlに溶解後，イオン交換水でほぼ1 lに希釈する．
・4％ホウ酸溶液：ホウ酸（特級）40 gをイオン交換水960 mlに加温溶解後，冷却する．
・混合指示薬：0.1％メチルレッド（MR）と0.2％ブロムクレゾールグリーン（BCG）の95％エタノール溶液を2：1の割合で混合するが，滴定の終点近くで青緑色→汚無色→桃色の変化が明らかに起こるように，2つの指示薬溶液のいずれかを追加して調製する．
・酸標準溶液：0.05 Mの硫酸標準溶液を用いる．

【方　法】
1) 試料0.5～2.0 g（W）を精秤し分解フラスコに入れる．フラスコの首に付着した試料は少量のイオン交換水で洗い落とす．
2) 分解促進剤10 g，ついで濃硫酸（特級）を25 ml，沸石5～6粒を加える．
3) 硫酸が試料に十分に浸透するまで穏やかに振り混ぜる．
4) 分解用加熱装置で加熱する．泡があふれでないよう注意する．
5) 分解フラスコの内容液が透明になったら，さらに60分加熱を続け分解を完了させる．

6) 冷却後，イオン交換水 150〜200 m*l* を加え，25 ℃以下に冷却する．
7) 砂状亜鉛少量を加えた後，中和用水酸化ナトリウム溶液 70 m*l* を静かに加え，振り混ぜずにアンモニアの直接蒸留装置に連結する．
8) 300 m*l* 容の三角フラスコに 4 %ホウ酸溶液 50 m*l* を入れ，混合指示薬 5〜6 滴を滴下後，蒸留装置の出口に装着する．このとき，蒸留装置の出口がホウ酸溶液中に入っているようにする．
9) 分解フラスコを揺り動かして内容物を混合する．
10) 30 分加熱蒸留し，留液が 100 m*l* 以上出たら，蒸留装置の出口をホウ酸溶液の液面より離してから留出を続け，留液 120〜150 m*l* を集める．
11) 三角フラスコの内容液について，0.05 M 硫酸標準溶液で滴定する．青色→青緑色→汚無色→桃色になったところを終点（V_1）とする．
12) 空試験として試料と同量のショ糖を採取し，試料と同様に分解蒸留後滴定（V_2）する．

【計　算】

$$タンパク質含量（g／100g）= 窒素量 \times 5.71$$

※ 5.71：窒素・タンパク質換算係数は 5.71 を用いる．

$$乾物あたりタンパク質含量(\%) = \frac{タンパク質含量}{1 - \dfrac{W_w}{100}}$$

$$ただし，窒素量（g／100g）= \frac{(V_2 - V_1) \times f \times 1.4}{W \times 1000} \times 100$$

V_1：本試験で中和に要した 0.05 M 硫酸標準溶液量（m*l*）
V_2：空試験で中和に要した 0.05 M 硫酸標準溶液量（m*l*）
f：用いた 0.05 M 硫酸標準溶液の力価
W：試料採取料（g）
W_w：試料水分（%）

(4) 脂質（クロロホルム―メタノール混液抽出法）[5]

【器　具】

電気定温乾燥器，水浴，ロータリーエバポレーター，遠心分離器（50 m*l* 容

遠心管が4〜8本かけられるもの），遠心管（共栓ガラス遠心管で，容量50 ml，直径35 mm，高さ100 mm ぐらいのもの），抽出装置（冷却管と共通すり合わせ200 ml 容三角フラスコからなるもの），ナス型フラスコまたは梨型フラスコ（共通すり合わせ共栓付，容量200 ml），はかり瓶（直径45 mm，高さ45 mm でふた付きのガラス製），ガラスろ過器（ブフナー漏斗型11G-3，フィルター板直径40 mm，容量60〜100 ml）

【試　薬】
　　クロロホルム－メタノール混液（2：1 v/v）：いずれも特級を使用．

【方　法】
　1）　試料（W）（2〜5 g）を精秤し共栓三角フラスコに入れ，クロロホルム－メタノール混液（2：1 v/v）60 ml を加え，フラスコと冷却管を接続後，60℃の水浴中で穏やかに沸騰を始めた後，約1時間加温し，この間ときどき静かに振り混ぜて抽出を行なう．
　2）　抽出終了後，冷却管からフラスコを取りはずし，ガラスろ過器を用いてナス型フラスコまたは梨型フラスコへ抽出した混液をろ過する．
　3）　さらに，抽出に用いた三角フラスコとガラスろ過器中の試料を混液で洗う．
　4）　捕集した混液をロータリーエバポレーターで内容物がドロッと動く程度まで留去する．
　5）　冷却後，石油エーテル（特級）25 ml を正確に加え，ついで無水硫酸ナトリウム（特級）約15 g を加え，直ちに栓をして1分間振り混ぜた後，石油エーテル層を共栓遠心管に移し，遠心分離を行なう．
　6）　あらかじめ恒量（W$_0$）としたはかり瓶に石油エーテル層10 ml を正確に採取し，水浴上で石油エーテルを留去する．
　7）　はかり瓶を100〜105℃の電気定温乾燥器で30分間乾燥し，デシケーター中で40〜45分間放冷し，恒量（W$_1$）とする．

【計　算】

$$脂質含量（g／100g）= \frac{(W_1 - W_0) \times 2.5 \times 100}{W}$$

$$乾物あたり脂質含量(\%) = \frac{脂質含量}{1 - \frac{W_w}{100}}$$

W_0：恒量としたはかり瓶重量（g）
W_1：脂質を抽出し乾燥した後のはかり瓶重量（g）
W：試料採取量（g）
W_w：試料水分（%）
2.5：石油エーテル 25 ml 中の 10 ml を分取したための係数

(5) 灰分[5]

【器　具】

電気マッフル炉（500〜600 ℃ ± 10 ℃ に設定できるもの），灰化容器（容量 30〜50 ml 程度の磁製あるいは石英るつぼ，または直径 60 mm 程度の磁製蒸発皿），デシケーター（乾燥剤としてシリカゲルを用いる），ホットプレート（家庭用を使用できる），赤外線ランプ（250〜500 W フラット型）

【予備灰化】

ホットプレート上での加熱と上部からの赤外線ランプによる加熱を，同時あるいは交互に行ない，部分炭化または全炭化させる．大豆は灰化時に膨化飛散するおそれがあるので，予備炭化を煙が出なくなるまで完全に行なう必要がある．

【方　法】

1) あらかじめ恒量にした灰化容器（W_0）に，適量の試料を採取して量る（W_1）．
2) 予備灰化後，電気マッフル炉に入れて室温から 1 時間に約 100 ℃ の速度で昇温し，550 ℃ に達したら，5〜6 時間保持して灰化させる．
3) 電気マッフル炉の電源を切り，扉を少し開けて温度を下げる．
4) 電気マッフル炉の炉内温度が約 200 ℃ に下がったら，灰化容器を取り出し，デシケーター中に入れて，1 時間放冷後に重量を量る．
5) 灰が白色または灰色のときは，再び 550 ℃ のマッフル炉に入れ，数時間加熱後，重量を量り，恒量（W_2）を求める．

【計　算】

$$灰分含量（g／100g）= \frac{(W_2 - W_0)}{(W_1 - W_0)} \times 100$$

$$乾物あたり灰分含量（\%）= \frac{灰分含量}{1 - \frac{W_w}{100}}$$

W_0：恒量とした灰化容器の重量（g）
W_1：試料を入れた灰化容器の灰化前の重量（g）
W_2：試料を入れた灰化容器の灰化後の重量（g）
W_w：試料水分（％）

(6) 炭水化物
【方　法】
　100 g から水分，タンパク質，脂質および灰分含量の合計 g 数を差し引く．
【計　算】

炭水化物含量（g／100g）＝100－（水分＋タンパク質＋脂質＋灰分）

$$乾物あたり炭水化物含量（\%）＝\frac{炭水化物含量}{1-\dfrac{W_w}{100}}$$

　　　　W_w：試料水分（％）

(7) 全糖
　全糖の定量には，有害なヒ素試薬を使用するソモギー・ネルソン法に代わり，ヒ素を使用しないソモギー変法やベルトラン法，そして他にもフェノール硫酸法[2]やアンスロン硫酸法[8]が用いられている．

　ⅰ）ソモギー変法[6]
【器　具】
　冷却管（300 ml 容三角フラスコに適合するもの），ビュレット
【試　薬】
・フェーリング液（ソモギーA 液）：酒石酸カリウムナトリウム（NaOOC-CH(OH)-CH(OH)-COOK・4H$_2$O）45 g とリン酸三ナトリウム（Na$_3$PO$_4$・12H$_2$O）112.5 g をビーカーにとり，蒸留水 350 ml に溶解する．これに，硫酸銅溶液（CuSO$_4$・5H$_2$O 15 g を蒸留水 50 ml に溶解）を撹拌しながら加える．ついでヨウ素酸カリウム溶液（KIO$_3$ 1.8 g を蒸留水 10 ml に溶解）を撹拌しながら加える．白濁→濃青色透明液になる．500 ml に定容する．
・シュウ酸カリウム―ヨウ化カリウム混液（ソモギーB 液）：シュウ酸カリウム（KOOC-COOK・H$_2$O）45 g とヨウ化カリウム（KI）20 g を蒸留水に溶解し 500 ml とする（保存 1 週間）．

- 1 M 硫酸溶液（ソモギーC 液）：蒸留水 425 ml に硫酸 25 ml を徐々に加える．
- 0.05 M チオ硫酸ナトリウム溶液（ソモギーD 液）：チオ硫酸ナトリウム（$Na_2S_2O_3・5H_2O$）12.5 g を煮沸して炭酸ガスを取り除いた蒸留水に溶解し 1 l とする（アミルアルコール 2 ml を添加し安定化する）．数日間放置後，KIO_3 標準溶液を用いて力価を求める．
- 1 ％でんぷん指示液（ソモギーE 液）：可溶性でんぷん 1 g を沸騰蒸留水 100 ml に入れ，5〜10 分程度煮沸する（保存にはサルチル酸 0.2 g を添加する）．

【試料溶液の調製】
1) 試料に非還元糖を含む場合は，300 ml 三角フラスコに試料（試料溶液 20 ml 中に糖量が 20〜80 mg）を入れる（W）．
2) 25 ％ HCl 溶液 10 ml，蒸留水 100 ml を加え混合し，冷却器を取り付け沸騰湯煎中で 2 時間 30 分加熱する．
3) 冷却後，吸引ろ過し，10 ％ NaOH 溶液で中和した後，250 ml メスフラスコで定容する．

【方　法】
1) 100 ml 三角フラスコにソモギーA 液 10 ml，試料溶液 10 ml，蒸留水 10 ml を入れる．
2) 2 分以内に沸騰するように方法 1) の溶液を加熱する．
3) 沸騰したら，火を弱め沸騰させながら正確に 3 分間加熱後，流水冷却する（沈殿が空気中の酸素に触れないよう，振り動かさない）．
4) ソモギーB 液 10 ml，ソモギーC 液 10 ml を加え混ぜる．2 分間放置する．
5) ソモギーD 液で滴定する（溶液の色は褐色（遊離したヨウ素）→黄緑色→薄い黄色）．
6) ヨウ素の黄色がやや薄くなったとき，ソモギーE 液を数滴加える．終点は淡青色とする（濃こん色→青色→硫酸銅（II）の淡青色）．
7) 空試験は，試料溶液の変わりに蒸留水 10 ml を用いて行なう．

【計　算】

$$還元糖（g／100g）= \frac{R×(B-A)×F×\dfrac{V}{10}×\dfrac{100}{1000}}{W}$$

R：0.05 M $Na_2S_2O_3$・$5H_2O$ 標準溶液 1 ml に相当する単糖類の mg 数（グルコース 1.449 mg，フルクトース 1.44 mg，マルトース 2.26 mg，キシロース 1.347 mg.）

A：本試験のソモギーD 液の滴定値（ml）

B：空試験のソモギーD 液の滴定値（ml）

F：ソモギーD 液の力価

W：試料溶液 250 ml 中の試料の g 数

V：試料調製量（250ml）

10：滴定に使用した試料溶液量

ⅱ）ベルトラン（Bertrand）法[6]

【器　具】

ビュレット，吸引ろ過装置（ガラスフィルター15AG および受器を装着）

【試　薬】

・25 ％塩酸溶液

・10 ％水酸化ナトリウム溶液

・ベルトラン A 液：硫酸銅（$CuSO_4$・$5H_2O$）40 g を蒸留水に溶解し 1 l とする．

・ベルトラン B 液：酒石酸カリウムナトリウム（$C_4H_4O_6KNa$・$4H_2O$）200 g と NaOH 150 g を蒸留水に溶解し 1 l とする．

・ベルトラン C 液：硫酸鉄［$Fe_2(SO_4)_3$］50 g を蒸留水 700 ml に溶解後，濃硫酸 200 g を少量ずつ加え蒸留水で 1 l とする．

・ベルトラン D 液：過マンガン酸カリウム（$KMnO_4$）5 g を蒸留水に溶解し 1 l とする（褐色瓶保存）．常温で 1 週間放置後，ろ過して力価を定める．

【$KMnO_4$ 溶液 1 ml に相当する Cu 量の測定（ベルトラン D 液の力価）】

1) シュウ酸ナトリウム（$Na_2C_2O_4$）約 250 mg 精秤する．
2) 蒸留水で溶解して，100 ml に定容する．
3) 濃硫酸 1～2 ml 加え，加温（湯煎）する．

4) 60～80℃になったところでKMnO₄溶液にて滴定する（60℃以上の条件で行なう）．
5) 滴定の終点は，30秒間微赤色が消失しない点とする．
6) 計算は以下のとおり

$$\text{ベルトラン D 液の力価} = \left(\frac{A}{B-C}\right) \times \frac{2Cu}{Na_2C_2O_4}$$

　　A：$Na_2C_2O_4$ の秤取量（mg）
　　B：$KMnO_4$ の滴定値（ml）
　　C：空試験の滴定値（ml）
　　2Cu：2×63.54（分子量）
　　$Na_2C_2O_4$：134（分子量）

【方　法】

1) ベルトランA液20 ml とベルトランB液20 ml を混合する（用時調製）．
2) 試料溶液（ⅰ）ソモギー変法を参照）を20 ml 加える．
3) 煮沸を始めてから正確に3分間煮沸させる．
4) 直ちに流水中で冷却する．
5) Cu_2O の沈殿ができる．このとき上澄み液がまだ青色をしていることを確認する（上澄み液が透明になった場合，還元糖の方がベルトラン液中の Cu^{2+} より多すぎる状態である．試料液を希釈しやり直す）．
6) 吸引ろ過装置を用い，沈殿を回収する（ガラスフィルター15 AGに回収）．蒸留水（温水）を10 ml で洗い，ビーカー内や沈殿を洗浄する（洗浄は4～5回繰り返す）．沈殿が空気に触れると，空気中の酸素で酸化されてしまう．ビーカー内やガラスフィルター内を温める，または温水を入れておく．
7) 受器を交換し，回収した沈殿（ガラスフィルター）をベルトランC液20 ml で溶解する．少量の蒸留水（温水）で洗浄する（ビーカー内，ガラスフィルター内を温水で洗浄し，すべてを受器に回収する）．
8) ベルトランD液で滴定する（滴定の終点は，30秒間微赤色が消失しない点とする）．

【計　算】
1) 試料溶液 20 ml 中の銅量

　　銅量（mg）=（a−b）×f

　　　a：本試験の D 液の滴定値（ml）
　　　b：空試験の D 液の滴定値（ml）
　　　f：ベルトラン D 液 1 ml に相当する銅量（mg）

2) 還元糖量の算出

$$還元糖（g／100g）= R \times \left(\frac{V}{20}\right) \times \left(\frac{1}{W}\right) \times \left(\frac{100}{1000}\right)$$

　　　R：銅量に対する還元糖量（mg）*1
　　　W：試料採取量（g）
　　　V：試料溶液調製量（ml）
　　　20：滴定に使用した試料溶液量

【備　考】
　食品中に存在しているタンパク質やアミノ酸はフェーリング反応（還元糖による Cu^{2+} の還元）を阻害する．糖分をベルトラン法によって測定するには，最初に阻害物質を除去する必要がある．還元糖と非還元糖が混在しているので，試料を 2 等分し遊離の還元糖（グルコース，果糖など）を定量し，他方で加水分解してから転化糖を定量する．最初に得られた遊離還元糖の量が Ag，加水分解後に得られた転化糖量が Bg とすると，Bg の中には遊離還元糖 Ag も含まれる．ショ糖などが加水分解されて生成した転化糖の量は（B−A）g となる．ショ糖は（B−A）×0.95 g となる．

*1　R を求める場合，ベルトラン法糖類定量表（表 4-2）を用いる．

ⅲ）アンスロン硫酸法
　五訂増補日本食品標準成分表[5]で使用されているアンスロン硫酸法[7]について簡単に説明する．

【器　具】
　ホモゲナイザー

【試　薬】
　・10 %（w/v）トリクロル酢酸
　・5 %（w/v）トリクロル酢酸
　・0.2 % アンスロン硫酸溶液（アンスロン 200 mg＋75 % 硫酸）

表4-2 ベルトラン糖類定量表

糖量 (mg)	還元された銅量 (mg)					糖量 (mg)	還元された銅量 (mg)				
	転化糖	グルコース	ガラクトース	麦芽糖	乳糖		転化糖	グルコース	ガラクトース	麦芽糖	乳糖
10	20.6	20.4	19.3	11.2	14.4	55	104.0	104.1	99.7	60.3	74.9
11	22.6	22.4	21.2	12.3	15.8	56	105.7	105.8	101.5	61.4	76.2
12	24.6	24.3	23.0	13.4	17.2	57	107.4	107.6	103.2	62.5	77.5
13	26.5	26.3	24.9	14.5	18.6	58	109.2	109.3	104.9	63.5	78.8
14	28.5	28.3	26.7	15.6	20.0	59	110.9	111.1	106.6	64.6	80.1
15	30.5	30.2	28.6	16.7	21.4	60	112.6	112.8	108.3	65.7	81.4
16	32.5	32.2	30.5	17.8	22.8	61	114.3	114.5	110.0	66.8	82.7
17	34.5	34.2	32.3	18.9	24.2	62	115.9	116.2	111.6	67.9	83.9
18	36.4	36.2	34.2	20.0	25.6	63	117.6	117.9	113.3	68.9	85.2
19	38.4	38.1	36.0	21.1	27.0	64	119.2	119.6	115.0	70.0	86.5
20	40.4	40.1	37.9	22.2	28.4	65	120.9	121.3	116.6	71.1	87.7
21	42.3	42.0	39.7	23.3	29.8	66	122.6	123.0	118.3	72.2	89.0
22	44.2	43.9	41.6	24.4	31.1	67	124.2	124.7	120.0	73.3	90.3
23	46.1	45.8	43.4	25.5	32.5	68	125.9	126.4	121.7	74.3	91.6
24	48.0	47.7	45.2	26.6	33.9	69	127.5	128.1	123.3	75.4	92.8
25	49.8	49.6	47.0	27.7	35.2	70	129.2	129.8	125.0	76.5	94.1
26	51.7	51.5	48.9	28.9	36.6	71	130.8	131.4	126.6	77.6	95.4
27	53.6	53.4	50.7	30.0	38.0	72	132.4	133.1	128.3	78.6	96.6
28	55.5	55.3	52.5	31.1	39.4	73	134.0	134.7	130.0	79.7	97.9
29	57.4	57.2	54.4	32.2	40.7	74	135.6	136.3	131.5	80.8	99.1
30	59.3	59.1	56.2	33.3	42.1	75	137.2	137.9	133.1	81.8	100.4
31	61.1	60.9	58.0	34.4	43.4	76	138.9	139.6	134.8	82.9	101.7
32	63.0	62.8	59.7	35.3	44.8	77	140.5	141.2	136.4	84.0	102.9
33	64.8	64.6	61.5	36.5	46.1	78	142.1	142.8	138.0	85.1	104.2
34	66.7	66.5	63.3	37.6	47.4	79	143.7	144.5	139.7	86.1	105.4
35	68.5	68.3	65.0	38.7	48.7	80	145.3	146.1	141.3	87.2	106.7
36	70.3	70.1	66.8	39.8	50.1	81	146.9	147.7	142.9	88.3	107.9
37	72.2	72.0	68.6	40.9	51.4	82	148.5	149.3	144.6	89.4	109.2
38	74.0	73.8	70.4	41.9	52.7	83	150.0	150.9	146.2	90.4	110.4
39	75.9	75.7	72.1	43.0	54.1	84	151.6	152.5	147.8	91.5	111.7
40	77.7	77.5	73.9	44.1	55.4	85	153.2	154.0	149.4	92.6	112.9
41	79.5	79.3	75.6	45.2	56.7	86	154.8	155.6	151.1	93.7	114.1
42	81.2	81.1	77.4	46.3	58.0	87	156.4	157.2	152.7	94.8	115.4
43	83.0	82.9	79.1	47.4	59.3	88	157.9	158.8	154.3	95.8	116.6
44	84.8	84.7	80.8	48.5	60.6	89	159.5	160.4	156.0	96.9	117.9
45	86.5	86.4	82.5	49.5	61.9	90	161.1	162.0	157.6	98.0	119.1
46	88.3	88.2	84.3	50.6	63.3	91	162.6	163.6	159.2	99.0	120.3
47	90.1	90.0	86.0	51.7	64.6	92	164.2	165.2	160.8	100.1	121.6
48	91.9	91.8	87.7	52.8	65.9	93	165.7	166.7	162.4	101.1	122.8
49	93.6	93.6	89.5	53.9	67.2	94	167.3	168.3	164.0	102.2	124.0
50	95.4	95.4	91.2	55.0	68.5	95	168.8	169.9	165.6	103.2	125.2
51	97.1	97.1	92.9	56.1	69.8	96	170.3	171.5	167.2	104.2	126.5
52	98.9	98.9	94.6	57.1	71.1	97	171.9	173.1	168.8	105.3	127.7
53	100.6	100.6	96.3	58.2	72.4	98	173.4	174.6	170.4	106.3	128.9
54	102.2	102.3	98.0	59.3	73.7	99	175.0	176.2	172.0	107.4	130.2
						100	176.5	177.8	173.6	108.4	131.4

【方　法】
1) 試料5g採取し，10%（w/v）トリクロル酢酸10 ml および5%（w/v）トリクロル酢酸10 ml（採取量の2倍）でホモゲナイズする．
2) 遠心分離後，上層を5%（w/v）トリクロル酢酸で200 ml に定容する．
3) 0.2%アンスロン硫酸溶液10 ml を試験管に採取し，試験溶液1 ml を静かに注ぐ．
4) 沸騰水中10分間放置後室温に戻す．
5) 620 nmの吸光度を測定する．
6) 同時にグルコース（0.02 mg〜0.08 mg）についても測定し検量線を作成する．検量線を基に試験溶液中の糖量をグルコース量として求める．

(8) ショ糖
【器　具】
　電熱器，ろ紙（アドバンテック東洋№2）．
【試　薬】
　F-キット：D-グルコース／ショ糖測定キット：J.K. インターナショナル
【方　法】
1) 試料0.5 g をとり，50 ml の水を加え，電熱器を用いて直火で5分間煮沸する．
2) 室温まで放冷後，メスフラスコで100 ml に定容する．
3) 東洋ろ紙№2 でろ過し，ろ液について，F-キットによりショ糖を定量する．

【文　献】
1) 中馬豊・村田敏・岩本睦夫：「農機誌」31(3)，1969，250．
2) 納豆試験法研究会・農林水産省食品総合研究所編著：『納豆試験法』光琳，1990．
3) 長谷川裕正ら：「茨城県工業技術センター研究報告」14，1986，53．
4) 長谷川裕正：「茨城県工業技術センター研究報告」37，2008，44．
5) 安本教傳・安井明美・竹内昌昭ら編：『五訂増補日本食品標準成分表分析マニュアル』，建帛社，2006．
6) 新美康隆編集代表：『図解食品学実験』みらい，2001，65-69．
7) 菅原龍幸・前川昭男監修：『新食品ハンドブック』建帛社，2000，103-111．

（長谷川裕正）

2. 納豆の臭い成分分析

　臭い物質の成分を分析する方法は，試料から臭い成分を抽出・濃縮し，ガスクロマトグラフ（Gas chromatograph, GC）またはガスクロマトグラフ・マススペクトロメーター（Gas chromatograph-Mass spectrometer, GCMS）により分析する方法が一般的で，定性・定量的にも，経費的にも優れている．ここでは，固相微量抽出（Solid Phase Microextraction, SPME）法による抽出と強極性カラムを用いた臭い成分の分析を述べる[1]．

　SPME 法は，表面に吸着材を塗布した細いガラス棒（SPMEファイバー）を試料の入ったバイアル中に挿入する操作により暴露することで臭い物質を吸着させて抽出・濃縮を行ない，次にそのガラス棒を GC 注入口に差し込むことによりカラムへ臭い物質を導く方法である．この方法の優れた点は，①吸着剤を塗布したガラス棒の熱容量が小さいために瞬間的に臭い物質をカラムへ導くことができるために，特別な抽出・導入の機器がなくてもよいこと，②有機溶媒を使用しないこと，③吸着させた臭い物質の全量をカラムへ導くことができること，④吸着剤の異なる SPME ファイバーが市販されているので試料に応じて SPME ファイバーを選択できること，⑤ GC 分析の際にカラムの径を選ばないので内径の小さいカラムを選択することにより相対的に感度を高くすることができこと，などである．しかし，欠点としては，①毎回分析用の試料調整と SPME ファイバーの再生が必要であること，② AEDA（Aroma Extract Dilution Analysis）法のように主要な臭い成分を特定できないことがあげられる．

　分析の目的に応じて他の分析方法を使い分ける必要性があるが，品質管理という点では SPME を使用する方法が最適である．

【器具・カラム】

　ガスクロマトグラフ一式（スプリット・スプリットレス注入口，水素炎イオン化型検出器［Flame Ionization Detector, FID］を装備，スペルコ社の内径 0.75 mm インサートを使用すると保持時間［Retention time, RT］の短いピークの形状がよくなる），SPME ファイバー（DVB/CAR/PDMS［Divinylbenzene/Carboxen/Polydimethylsiloxane］，スペルコ社），強極性キャピラリーカラム（DB-WAX など，長さ 30 m，内径 0.25 mm，膜厚 0.25 μm），7 ml バイアルおよびセプタム，10 μl および 25 μl マイクロシリンジ（針先が直角であるもの）．

【試　薬】

　　・100 ppm 2-ヘプタノール：内標準物質．使用直前に 5 μl の 2-ヘプタノ

ール（特級）を 10 µl マイクロシリンジで 50 ml メスフラスコに採取し，水で希釈する．
・n-アルカン（炭素数 5～20）
・アセトン（特級）：n-アルカンの溶媒

【方　法】
1) 7 ml バイアルに納豆 3.95-4.05 g を採取する．内標準として 2-ヘプタノールの 100 ppm 水溶液を 25 µl マイクロシリンジで 10.0 µl 採取して加え，セプタムでふたをする．このとき，納豆をバイアルの下半分に入れる．
2) SPME ファイバー（あらかじめ GC 注入口に差し込んで，250 ℃，2 時間以上加熱しておく）をバイアル中の気相に挿入し，ファイバーの先端を気相に露出する．このとき，納豆に先端が接触しないように注意する．
3) 恒温器中に入れ，50 ℃，1 時間，抽出・濃縮する．
4) SPME ファイバーをバイアルから抜き，GC 注入口に挿入し，測定を開始する．注入条件は，250 ℃，スプリットレス注入，サンプリング時間は 1 分間とする．
5) 測定条件は次の通り．
オーブン初期温度：30 ℃（1 分間保持），昇温：毎分 4 ℃，オーブン最終温度：200 ℃（20 分間保持），FID 温度：250 ℃，測定時間：45～50 分間．
6) n-アルカンの 1000 ppm アセトン溶液を同一条件で GC により分析する．注入はスプリット法でよい（スプリットレス法と RT は同一になる）．

【計　算】
1) 納豆から検出されたピークの RT を n-アルカンの RT と比較することにより，保持指標（Retention Index, RI）に換算し，ピークの同定を行なう．計算式は図 4-3 の通りである．
2) ピーク高を内標準である 2-ヘプタノールのピーク高と比較することにより定量する（表 4-3 参照）．

【備　考】
1) GC 注入口のインサート：GC 注入口のインサートを内径 0.75 mm の

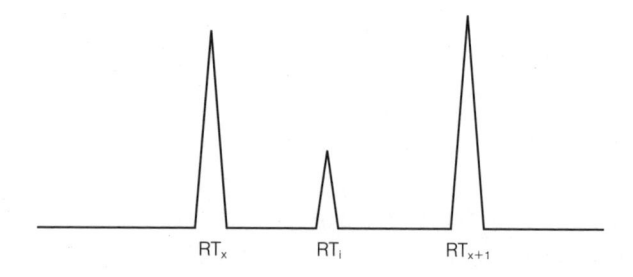

$$\text{計算式} \quad RI = \frac{RT_i - RT_x}{RT_{x+1} - RT_x} \times 100 + x \times 100$$

図4-3　RIの計算
RTi：RIを求めようとするピークのRT
RTx：炭素数Xであるn-アルカンのRT
RTx + 1：炭素数X + 1であるn-アルカンのRT

製品（スペルコ社製）に交換しておくと，RTの短いピークの幅が広がらない．

2) 内標準物質を有機溶媒に溶解して使用すると，溶媒によりSPMEファイバーの吸着能力が飽和する可能性が大きいので避ける．濃度が1000 ppm以下の溶液を使用する場合は，内標準物質がガラス内壁に吸着されて薄くなる可能性があるので，使用直前に毎回内標準溶液を調製する．

3) マイクロシリンジの使用方法：内標準溶液を調製する際，μl単位の標品を採取して希釈することになるが，μl単位の液体の採取には先端が直角に切られている針（例えば，ハミルトン社製，ポイント#3）を装着したマイクロシリンジをピペットとして使用し，空気と液体を交互

表4-3　2-ヘプタノールを内標準とした場合における主要な臭い物質のピーク面積比

物質名称	面積比
ジアセチル	0.065
ピラジン	0.14
2-メチルピラジン	0.34
2,5-ジメチルピラジン	0.40
2,3,5-トリメチルピラジン	1.5
イソ酪酸	0.045
2-メチル酪酸	0.13
2-ヘプタノール（内標準）	1.00

＊アセトインは不明（一定の数値にならない）

に吸引すると正確に採取できる．例えば，10 μl シリンジを使用して採取する場合は次の手順で行なう．まず希釈に使用する溶媒である水をシリンジに吸引し，排出する操作を3・4回繰り返してプランジャーを濡らす．次に空気を 2 μl 吸引し，それから必要とする体積の液体 5 μl を吸引する．その後，さらに空気を吸引する．空気と空気の間に存在する液体の目盛りを読み取ることにより，必要とする体積を採取できていることが確認できる．シリンジはアセトンで内部を洗浄した後に乾燥する．

4) カラムの入り口側には不揮発性物質が付着しやすく，ピークの分離を低下させる原因になる．そのため，液層を塗布していない，またはごく薄く液層を塗布してある内径 0.25 mm フューズドシリカキャピラリーチューブをガードカラムとして 1 m 接続しておき，カラムの性能が低下したときにこれを交換すると新たなカラムを購入する場合に比べて安価である．接続する際にはカラムカッターを用いてカラムを直角に切断し，市販されているフューズドシリカコネクターを使用する．使用したコネクターは電気炉中で 500 ℃，5 時間ほど加熱すると再生できる．GC カラムの長さは，通常 30 m で充分である．ポリエチレングリコールを塗布した強極性のカラム（DB－WAX,InertCap WAX, Supelcowax 10, ZB－WAX など）は，無極性カラム，微極性カラムに比べて使用時間が経過すると，また使用しない場合は両端をセプタムなどで封じておかないと，劣化しやすいという欠点がある．筆者は，購入時に同封されているカラムの性能を評価した物質の溶液を分析し，時々同一の条件で分析することにより性能の劣化を検査している．スペルコ社から販売されているキャピラリーカラム用テストミックスはこの検査に有用であり，カラムの状態のみならず GC システム全体のチェックもできる．

5) GC に使用するキャリヤーガス：GC に使用するキャリヤーガスであるヘリウムは，精製管を用いて酸素，水蒸気などを除去する．筆者は G2 グレード（純度 99.999％以上）のヘリウムボンベの出口にスペルコ社の OMI 吸収管を接続している．これにより，酸素濃度を 10 ppb 以下にまで減少させることができるので，バックグラウンドを低くできること，カラムの寿命を長くすることができるのみでなく，毎回超

6) GCの起動：GCの起動に際しては，検出器がFIDの場合はまずメタンを注入してRTよりキャリヤーガスの線速度を求めてから，試料の分析に移る．通常は毎秒25～35 cmに調整する（30 mカラムの場合はRTが75～120秒）．検出器がマススペクトロメーターの場合は空気を注入して線速度を求める．
7) RIについて：ピークのRTはRIに換算して比較する．理由は次の通り．GCのキャリヤーガス流量を厳密に設定することは簡単ではない．そのため，ある特定物質のRTを一定にすることは困難である．しかし，RIに換算すると一定の数値になる．その他RIの利点は，①キャリヤーガスの流量が少し変化しても，カラムオーブンの温度が変化しても物質のRI値がほぼ同一になること，②同一の液層を塗布したカラムにおいては，内径やカラム長が変化しても物質のRI値がほぼ同一であること，③類縁化合物の炭素数が変化すると炭素1個につきRIの値がほぼ100ずつ変化するので，未知のピークが出現しても炭素数の異なるRIを比較することにより未知物質を推測できること，にある．炭素数が5であるn-ペンタンのRIは500，6であるn-ヘキサンのRIは600，7であるn-ヘプタンのRIは700というように，n-アルカンのRIは炭素数を100倍した数値になる．一般的にカラムから早く溶出してくる物質のRT（RI）は同一の物質であってもズレがやや大きくなる．また，極性の大きいカラムで測定するとRIは極性の小さいカラムのRIよりズレが大きくなりやすい．
8) 納豆の臭い物質：これまでに納豆および納豆室の気相から検出された揮発性物質のRIを表4-4[1~4]に示したが，いくつかの物質は原料である大豆から由来している．揮発性物質の組成はメーカーにより異なっているのみではなく，同一メーカーの製品であっても製造日により異なっている．納豆中から検出された主要な臭い成分とされている物質は，ジアセチル，アセトイン，2-メチルピラジン，2,5-ジメチルピラジン，トリメチルピラジン，テトラメチルピラジン，イソ酪酸，酪酸，2-メチル酪酸，3-メチル酪酸などとされており，それらの割合は糸引き納豆のメーカーにより異なっている．しかし，AEDA（Aroma Extract Dilution Analysis）法などにより主要な臭い物質を特定

表4-4 市販糸引き納豆,納豆室から検出された揮発性物質のRI

RI	物質名称	RI	物質名称
810	2-メチルプロパナール	1264	2-メチルピラジン
811	アセトン	1282	アセトイン
825	酢酸メチルエステル	1295	1-ヒドロキシ-2-プロパノン
879	2-メチルフラン	1318	2,5-ジメチルピラジン
888	プロピオン酸メチルエステル	1324	3-メチル-2-ブテン-1-オール
890	酢酸エチルエステル	1327	2,6-ジメチルピラジン
898	3-メチルフラン	1358	1-ヘキサノール
901	2-ブタノン	1372	ジメチルトリスルフィド
905	メタノール	1375	4-(アセチルオキシ)-2-ブタノン
922	イソ酪酸メチルエステル	1381	6-メチル-2-ヘプタノール
927	3-メチル-2-ブタノン	1388	2-ノナノン
934	エタノール	1392	2-エチル-5 or 6-メチルピラジン
954	プロピオン酸エチルエステル	1395	5-メチル-2-ヘプタノール
964	イソ酪酸エチルエステル	1404	2,3,5-トリメチルピラジン
975	2-ペンタノン	1429	6-メチル-7-オクテン-2-オン
980	ジアセチル	1442	3-エチル-2,5-ジメチルピラジン
992	3-メチル-2-ペンタノン	1451	酢酸
1006	4-メチル-2-ペンタノン	1456	1-オクテン-3-オール
1010	2-メチル酪酸メチルエステル	1462	フルフラール
1017	チオフェン	1478	2,3,5,6-テトラメチルピラジン
1021	イソ吉相酸メチルエステル	1489	2-メチル-5 or 6-ビニルピラジン
1034	酪酸エチルエステル	1496	2-エチル-1-ヘキサノール
1037	トルエン	1514	ピロール
1055	2-メチル酪酸エチルエステル	1519	ベンズアルデヒド
1066	ジメチルジスルフィド	1535	2-メチル-5-(1-プロペニル)-ピラジン
1067	イソ吉草酸エチルエステル	1537	プロピオン酸
1088	2-ヘキサノン	1539	2-メチル-6-(1-プロペニル)-ピラジン
1106	アンモニア	1547	[R,R]-2,3-ブタンジオール
1110	2-メチル-1-プロパノール	1571	イソ酪酸
1122	エチルベンゼン	1584	[S,S]-2,3-ブタンジオール
1129	p-キシレン	1621	2-オクテン-1-オール
1135	m-キシレン	1659	2-メチル酪酸
1144	1-ブタノール	1659	3-メチル酪酸
1146	5-メチル-2-ヘキサノン	1665	2-フランメタノール
1172	1-メチルエチルベンゼン	1732	ナフタレン
1181	o-キシレン	1741	吉草酸
1184	2-ヘプタノン	1763	6,10-ジメチル-2-ウンデカノン
1188	ピリジン	1766	2-エチル酪酸
1204	2,4,5-トリメチルオキサゾール	1850	ヘキサン酸
1206	プロピルベンゼン	1854	2-メチルブテン酸
1211	3-メチル-1-ブタノール	1862	2-メトキシフェノール
1211	2-メチル-1-ブタノール	1881	ベンゼンメタノール
1217	3-メチル-1-ブタノール	1917	ベンゼンエタノール
1222	蟻酸ヘキシルエステル	1921	4-メチルヘキサン酸
1231	2-ペンチルフラン	1958	ヘプタン酸
1237	6-メチル-2-ヘプタノン	2009	フェノール
1241	ピラジン	2023	2-ペンタデカノン
1247	3-ヒドロキシ-3-メチル-2-ブタノン	2064	オクタン酸
1250	3-メチル-3-ブテン-1-オール	2172	ノナン酸
1252	スチレン	2198	チモール
1253	3-オクタノン	2279	デカン酸
1256	5-メチル-2-ヘプタノン		

カラム:DB-WAX (内径 0.25 mm, 長さ 30 m, 膜厚 0.25 μm)

した報告は出されていない．なお，DB-WAX などの強極性カラムを使用すると，2-メチル酪酸，3-メチル酪酸はほぼ同一の RT（RI）であるのでピークが重複する．

【文　献】
1) 田中直義・山内智子・勝股理恵ら：「食科工」50，2003，278-285.
2) 田中直義・庄司善哉：「日食工誌」40，1993，656-660.
3) Sugawara, E., T. Ito, S. Odagiri et al. : *Agric. Biol. Chem.*, 49, 1985, pp311-317.
4) スプリアント・和田浩二・早川功ら：「醸酵工学誌」69，1991，331-336.

（田中直義）

3.　物性

3.1.　蒸煮大豆の硬さ試験法[1]
【器　具】
　　圧縮試験機（レオナーRE33005，山電製），かみそりの刃（厚さの薄いもの）
【方　法】
1) 蒸煮大豆を蒸煮直後，シャーレに入れ5分間ふたをせず放置（冷）する．表面の水分を蒸発させた後，シャーレのふたをし，室温（25℃）で1時間放冷する．
2) 放冷後，蒸煮大豆をシャーレから取り出し，かみそりの刃で大豆子葉部の接合面を中心に切り分け，子葉一枚分（種子半粒）の測定用試料を準備する．
3) 圧縮試験機の台座を上昇させ，試料台が$\phi 3$ mm の円柱プランジャに接触する位置をゼロ点（基準点）とする．大豆の子葉接合面（平坦な面）が接するよう試料台に置く．台座を下降させた後，試料台を上昇させ試料が接触するプランジャの位置を測定する．あらかじめ測定したプランジャが試料台に接触する位置との差を試料厚とする．プランジャ速度 0.1 mm/秒で試料厚に対する変形率が 10 % となるまで圧縮変形させる（図4-4）．
4) 荷重—変位曲線を測定し，変位に対し荷重が直線的に変化する部分（線形領域）の傾き（荷重 g/変位 mm）から，下記の計算式を用いて

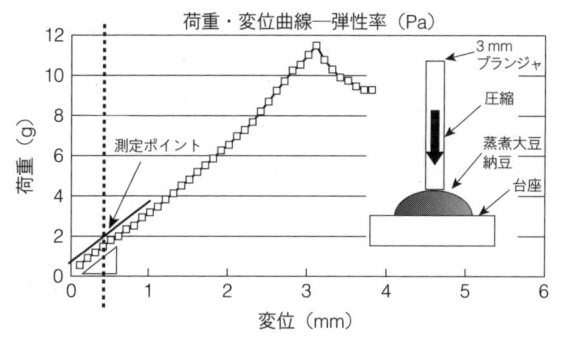

図4-4 蒸煮大豆および納豆の測定模式図

（静的）弾性率 E(Pa) を求める．なお測定機（装置）によっては傾きの値を表示するものもある．以上の測定はすべて室温（25℃）で行なう．

5) 1つのサンプルに対して種子半粒を 10〜20 粒測定し平均値を求める．

【計 算】

$$弾性率 E(Pa) = \frac{傾き(g/mm) \times 試料厚さ(mm) \times 9800}{プランジャ面積(mm^2)}$$

（弾性率の計算例）

$\phi 3$ mm プランジャを用いて試料厚さ 3.5 mm の試料を測定した結果，傾き 5.2 g/mm が得られた場合．

$$\frac{5.2 \times 3.5}{(3^2 \times 3.14)} \times 9800 = 6311 (Pa)$$

3.2. 納豆の硬さ試験法[1]

【器 具】

圧縮試験機（レオナー RE33005，山電製），かみそりの刃（厚さの薄いもの），丸網カゴ，スパーテル（薬匙）

【方 法】

1) 納豆を冷蔵庫から取り出し，1時間室温（25℃）で静置後，スパーテル（薬匙）を用いて豆を傷つけないように納豆 20〜30 g を採取し，ステンレス製の網カゴに入れる．

2) 室温の水を張ったボウルに，丸網カゴごと納豆を入れ，納豆を傷つけないようガラス棒で緩やかに攪拌する．納豆表面についた粘質物が溶け出したら網カゴを取り出し，水道水をかけて洗い流す．完全に納豆表面のぬめりが取れるまでこの作業を2回ないし3回繰り返す．
3) ぬめりが取れたら水切りし，納豆をシャーレに入れふたをして乾燥を防ぐ．測定ごとに順次取り出して，かみそりの刃で大豆子葉部の接合面を中心に切り分け，子葉一枚分（種子半粒）の試料を準備する．
4) 「3.1. 蒸煮大豆の硬さ試験法」の【方法】3) 以下の操作を行なう．

3.3. 納豆粘質物の粘り試験法[2]

【器　具】

動的粘弾性試験機（MG-Rheoアナライザー［サンズコーポレーション］，レオログラフ［東洋精機］），ミクロスパーテル（微小薬匙）

【方　法】

1) 納豆を冷蔵庫より取り出し，容器のまま室温（25℃）で1時間放置する．
2) 箸で納豆（カップ容器30gまたは発泡容器50g）を20回かき混ぜ容器内壁に粘質物を付着させる．
3) 粘質物に混入した皮や大豆片をミクロスパーテルで取り除いた後，粘質物のみ約2gを採取する．その際，採取した納豆粘質物には攪拌による気泡が混入するため，気泡の少ない場所から粘質物を採取する．
4) ミクロスパーテルを用いて，この粘質物を温調試料台の中央に塗布する（図4-5）．
5) ϕ5 mmのステンレス製円柱プランジャを用いて，試料台から1.00 mmの位置にプランジャをあわせ，周波数5 Hz，振幅40 μmの振動条件で法線方向の微小振動を加える．貯蔵弾性率 E'（弾性），損失弾性率 E''（粘性）および損失正接 $\tan \delta$（$=$ E''/E'）は付属のPCにより計算出力される[2,3]．以上の測定はすべて室温（25℃）で行なう．
6) 求めた値は，1回の測定につき5反復の平均とする．

【備　考】

納豆粘質物水溶液の粘性の簡便な測定法には，オストワルド毛細管粘度計を用いた相対粘度測定法がある[4]．

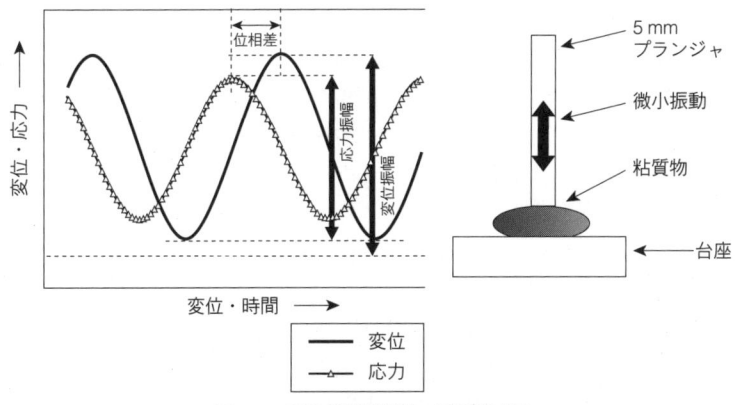

図4-5 動的粘弾性測定の測定模式図

【文　献】

1) 吉岡邦明・関根正裕・鈴木理博ら：「食科工」56, 2009, 40-47.
2) 吉岡邦明・関根正裕・乙部和紀ら：「食科工」54, 2007, 452-455.
3) 乙部和紀・吉井洋一・杉山純一ら：「日食工誌」42, 1995, 85-92.
4) 納豆試験法研究会・農林水産省食品総合研究所編著：『納豆試験法』光琳, 1990.

（吉岡邦明）

4. 色調

　納豆の色調は，蒸煮大豆[1]と同様にCIE（国際照明委員会）XYZ表色系（JIS Z8701）を用いて表わす．Y（％）は明度を表わし，数値が高いほど明るく，低いほど暗い．xは色相，yは純度を表わし，同一Y（％）であれば，その数値が高いほどxは赤みの冴えが，yは黄色みの冴えが高くなるといわれている．納豆の色調は，蒸煮大豆の色調と菌膜の色調とが合わさったものである．そのため，品質管理上，発酵前の蒸煮大豆の色調を把握することも重要である．

【器　具】

　色彩色差計（三刺激値直読方法のもの．演算機能によりYxyで表色値を表わせるものが望ましい．ハンデイータイプのものが使いやすい）

【方 法】
1) サンプルを常温に戻す（納豆は容器のまま，蒸煮大豆の場合は，乾燥を防ぐためラップ等に包んだ状態で常温まで戻す）．
2) 納豆の菌膜を崩さないように，納豆表面のプラスチック被膜をゆっくりはがす．
3) セルを使う形式の色差計の場合は，納豆の菌膜を壊さないように隙間なくセルに詰める．その際，納豆容器の上面になっている納豆が測定面にくるようにする．
ハンディー型の色差計の場合は，納豆容器のまま測定するので，あらためて市販のラップをかけ，表面が平らになるように軽く抑える．その際，納豆の菌膜を壊さないように注意する．蒸煮大豆の場合も粒のままで同様に準備する．
4) 標準白板で色差計の校正を行なう．ラップで表面を覆ったサンプルを測定する場合は，標準白板の上に隙間なくラップをかけて測定し，補正を行なう必要がある．
5) 色差計の取扱説明書の方法で，色調を測定する．測定範囲が狭い場合は，5ヵ所以上を測定し，平均値を用いる．

【計 算】
三刺激値 X,Y,Z から計算する場合は，下記の計算式により Y,x,y の表示値を求める．

$Y(\%) = $ 表示値そのまま

$$x = \frac{X}{X+Y+Z}$$

$$y = \frac{Y}{X+Y+Z}$$

【備 考】
納豆の色調は，粒のままで表面色を測定するため，値は正確なものではなく，近似値である．

蒸煮大豆の色調測定では，サンプルを乳鉢ですりつぶしたものをセルにつめて測定する方法が規定されている[2]．しかし，納豆は粒のまま表面色を測定するので，データの比較には蒸煮大豆も粒のまま表面色を測定する方が有用と考える．

煮豆の評価では色調を CIE, L*a*b*表色系（JIS Z8729）を用いる場合もある[3]. L*a*b*表色値を三刺激値 X,Y,Z から計算する場合は，下記の計算式による.

$Y/Y_n > 0.008\,856$ のとき　　$L^* = 116(Y/Y_n)^{1/3} - 16$

$Y/Y_n \leq 0.008\,856$ のとき　　$L^* = 903.29(Y/Y_n)$

　　　　　Y：XYZ 表色系における三刺激値の Y

　　　　　Y_n：完全拡散反射体の標準イルミナント，補助標準イルミナントによる Y の値

$a^* = 500[f(X/X_n) - f(Y/Y_n)]$
$b^* = 200[f(Y/Y_n) - f(Z/Z_n)]$

　　　　　$X/X_n > 0.008856$ のとき　$f(X/X_n) = (X/X_n)^{1/3}$
　　　　　$X/X_n \leq 0.008856$ のとき　$f(X/X_n) = 7.78(X/X_n) + 16/116$
　　　　　$Y/Y_n > 0.008856$ のとき　$f(Y/Y_n) = (Y/Y_n)^{1/3}$
　　　　　$Y/Y_n \leq 0.008856$ のとき　$f(Y/Y_n) = 7.787(X/X_n) + 16/116$
　　　　　$Z/Z_n > 0.008856$ のとき　$f(Z/Z_n) = (Z/Z_n)^{1/3}$
　　　　　$Z/Z_n \leq 0.008856$ のとき　$f(Z/Z_n) = 7.78(Z/Z_n) + 16/116$
　　　　　X,Y,Z：XYZ 表色系における三刺激値の X,Y,Z の値
　　　　　Xn,Yn,Zn：完全拡散反射体の標準イルミナント，補助標準イルミナントによる X,Y,Z の値

【文　献】

1) 新国佐幸：「食糧―その科学と技術―」30, 1992, 147.
2) 農林水産省食品総合研究所：『大豆の加工適性評価法，流通利用試験研究打合わせ会議，資料別冊』, 1981, 6-7.
3) 平春枝：「食糧―その科学と技術―」30, 1992, 153-168.

　　　　　　　　　　　　　　　　　　　　　　　　　　（古口久美子）

5. 微生物汚染対策

　大手乳業メーカーのブドウ球菌による大規模食中毒事件を含め，食中毒事件は後を絶たない．また，食品への異物混入事件も相次いで報道されたことから，食品に対する不信・不安感が消費者の間に広がっている．このような点からも以前にも増して食品製造における微生物汚染対策が重要になっている．微

生物対策としては，高度な衛生管理システムである HACCP（Hazard Analysis and Critical Control Point, ハサップ）が知られている．その前提となるものが一般的衛生管理で，納豆製造においても有効な微生物汚染対策となる．

5.1. 納豆における微生物汚染

納豆は，高圧蒸煮工程を含むことから，比較的食中毒が起きにくい食品である．しかし，接種用納豆菌における微生物汚染や包装工程以後での器具・機械類や従業員からの微生物汚染が問題となる場合がある．納豆による食中毒はほとんどみられないが，一部の納豆から大腸菌群に属する細菌やセレウス菌が検出されることもある．また，納豆菌ファージにより製品が損失を受けることも良く知られている．

(1) 大腸菌

大腸菌（*Escherichia coli*）は腸内に生息している常在細菌の1つで，通常は病原性を有しないが，なかには下痢などの症状を起こすものがある．このような病原性大腸菌を下痢原性大腸菌と呼び，5種類に分類されている．大腸菌は腸内細菌科に属する細菌で，グラム陰性の通性嫌気性菌（酸素の有無によらず生育）で，運動性を有する．また，大腸菌は腸内に生息していることから，動物から排泄された糞便を通して広く自然界に分布している．このように広い範囲で大腸菌は分布しており，動物の腸内では生育するが，水や土壌のような自然界のなかでは徐々に死滅していくのが一般的である．納豆の製造工場においては接種用納豆菌（液）での汚染や従業員からの汚染の可能性があるが，製造環境の衛生管理が適切であれば，大腸菌による2次汚染の可能性は低い．

(2) サルモネラ

サルモネラは，ヒトや動物の腸管内に生息し，食物や水を介して感染し，サルモネラ感染症を引き起こす代表的な病原菌の1つである．飲食物を通して感染するのが，一般的であるが，ヒトからヒトに直接感染する場合もある．サルモネラ感染症による症状は多岐にわたるが，最も一般的にみられる症状は，急性胃腸炎である．通常，2日以内の潜伏期間をおいて発症する．しかし，近年増加しているサルモネラ エンテリティディス（*Salmonella* Enteritidis）の場合は，3～4日後に発病することも珍しくない．症状としては，嘔吐，腹痛，下痢を惹き起こす．重篤な場合には，意識障害，痙攣，急性脱水症などを起こすこともある．納豆の製造においては，十分な加熱工程があることから，サルモ

ネラが製造中に増加することはないが，製造環境からの2次汚染によって製品に混入することも考えられる．しかし，製造環境の清潔さを維持していれば，サルモネラによる2次汚染の可能性は極めて低い．

(3) セレウス菌

セレウス菌（*Bacillus cereus*）は，セレウス食中毒の原因菌で，大量のセレウス菌を含む食品を摂食することによって食中毒を起こす．本菌は，土壌菌の1種で，ヒトの生活環境だけでなく，自然界にも広く分布している．また，本菌は，食品中では芽胞の状態で存在しており，環境条件が良くなると，急激に増殖する．セレウス菌には下痢を主症状とする「下痢型」と悪心や嘔吐を主症状とする「嘔吐型」の2種類のタイプがあるが，我が国でのセレウス食中毒のほとんどは嘔吐型である．セレウス食中毒は夏期（6〜9月）に起こることが多く，下痢型の場合は，肉類，スープ類など，嘔吐型の場合は，米飯，焼飯によるものが最も多い．セレウス食中毒の予防対策としては，一度に大量の飲食をしないことや米飯を60℃以上の高温または調理後，2時間以内に冷蔵庫で保存することが大切である．また，炒飯には新鮮な卵を使用することや調理器具類の衛生に注意することも大切である．納豆の製造工場においては，大腸菌群同様，接種用納豆菌（液）での汚染や製造環境からの汚染の可能性があるが，衛生管理が適切であれば，セレウス菌による2次汚染の可能性は低い．

5.2. 一般的衛生管理

一般的衛生管理事項は，施設・設備の衛生管理，機械器具の保守点検，従業員の衛生教育，製品の回収などの衛生管理に関わる事項が対象である．食品工場の施設・設備やその配置，排水処理，従業員の健康・衛生管理など，いわば食品工場における設備・機械などのハード面と健康管理・従業員教育などのソフト面の両方を含む作業環境条件を中心とした幅広いものである．

HACCPシステムによる自主的衛生管理では，危害の発生防止を行なううえで重要な製造工程（重要管理点）を重点的に監視することになる．直接，食品の製造工程の流れでの管理が主体で，製造に関わる周辺の衛生管理には触れてはいない．したがって，HACCPシステムを効果的に機能させるには，その前提となる施設・設備あるいは製造機械類の保守・点検などの衛生管理が極めて重要である．表4-5に主な一般的衛生管理事項を示した．この中で，基本となるのはゾーニングといって，作業区域を区分するという考え方である．作業

表4-5 一般的衛生管理事項

1. 施設・設備の保守点検，衛生管理	8. 飛沫，天井等からの水滴による食品への汚染防止
2. 食品等の衛生的な取り扱い	
3. 使用水の衛生管理	9. 作業者の健康管理
4. 機械器具の保守点検	10. 便所の清潔維持
5. 作業者の手指，作業服，機械器具等からの食品への汚染防止	11. 鼠族・昆虫等の駆除
	12. 作業者の衛生教育
6. 作業者の手指の洗浄殺菌	13. 製品の配送，回収のプログラム作成
7. 有害・有毒物質，金属，異物等の食品への汚染防止	14. 製品等の試験，検査の方法およびその施設（品質管理施設）等の保守管理
	15. 原料の受入れと保管

区域の区分というのは工場内の各場所を原材料の搬入，洗浄など，微生物汚染が起こりやすい作業を行なう区域である「汚染作業区域」と包装工程など，微生物汚染を防ぐ必要のある区域である「非汚染作業区域」に分け，さらに非汚染作業区域を「準清潔作業区域」と「清潔作業区域」に区分することにより，衛生管理の徹底を図る考え方である．納豆の原料となる乾燥大豆は微生物に汚染されているので，その受入れ，保管，選別や洗浄などの前処理工程を行なう場所を「汚染作業区域」，製品の包装作業を行なう場所を「非汚染作業区域」として区分し，汚染作業区域から，微生物や異物などを非汚染作業区域に持ち込まないように厳重な微生物管理を行なう必要がある．作業区域は区画，間仕切りをするとともに，作業員にもわかりやすいように，床面，腰張りなどを色分けなどによって区分するのも有効な方法である．

5.3. 接種用納豆菌における微生物汚染対策

他の微生物によって汚染された接種用納豆菌を使用することによって，納豆製品に大腸菌などの有害な微生物が増殖する場合がある．この対策としては，納豆菌製造メーカーでの汚染対策を十分に行なう必要があることはいうまでもないが，納豆製造メーカーにおいては，接種用納豆菌を収納している容器への微生物の混入，接種用器具類への微生物汚染対策が必要である．そのためには，接種用納豆菌（液）に外部で使用した器具類を接触させないことや接種用器具類の殺菌を十分に行なうことが重要である．納豆菌（液）は直接，製品である納豆へ移行するものであることから，器具類の殺菌は，加熱蒸気や80〜100℃，10分以上の湯殺菌の利用，75％前後の濃度のアルコールへの浸漬や

噴霧が有効である．また，従業員からの微生物汚染も無視できないことから，清潔な作業衣，手指の殺菌をまめに励行することが必要であることはいうまでもない．

5.4. 製造環境の衛生管理

　納豆製造工場周辺からの汚染対策として，周辺の環境を衛生的に保つことが必要である．そのためには，家畜飼育場や汚水溜まりなど微生物が濃厚に汚染している場所から隔離されていること，鼠族の侵入防止，昆虫類の侵入防止を可能とする建物構造であることが大切である．また，従業員が工場内に入る際に持ち込む微生物等を防止するために，作業靴の殺菌槽を設置するとともに作業員の入口にはエアシャワーを設置し，作業衣からの持ち込み汚染を極力防ぐことも有効である．
　作業場の床は，水が溜まらないように適度な勾配を有するだけではなく，不浸透性，耐熱性の素材で床表面をコートする必要がある．壁は，表面に埃等が堆積しないように平滑であることや床面から1mは，床面同様，不浸透性，耐熱性を有する材質でできていることが望ましい．床面と壁が接触する部分は，埃が溜まらないようにR構造にする．また，腰張りの上部は，埃が堆積しないように45度以上の傾斜を有する構造とする．排水溝は，清掃が容易に行なえるような幅があり，滞留しないように傾斜を有することが望ましい．
　このように，工場内は水溜まりや埃溜まりができないように注意する．水溜まりや埃溜まりは微生物の温床となるからである．

5.5. 機械・器具類の衛生管理

　直接，原料大豆や納豆に接触する機械・器具類の材質は不浸透性で平滑なステンレス製やプラスチック製の素材のものを使用する．また，微生物の付着を防止するために分解，洗浄，殺菌がしやすい構造になっていることが必要である．使用後は分解して洗浄後，加熱蒸気，殺菌剤等を使用し殺菌後は速やかに乾燥させておく．また，使用前も同様に殺菌することが必要である．

5.6. 作業員の衛生管理

　製品への微生物汚染の原因の多くは作業員によるものである．工場に入る際の手洗い，作業靴の殺菌，手袋やマスクの着用，エアシャワーによる埃の除去

などの意義について良く理解させるとともに，定期的な研修を行なうことによって常に高い衛生意識を持続させることが大切である．これらは単に微生物汚染対策のみならず，異物混入防止の面からも重要である．作業員の健康管理は，食中毒を防ぐ意味からも大切なことであり，体調不良，特に下痢症状の見られた者は必ず申告するなどの意識を徹底させる必要がある．また，月に1度の定期的な検便を実施することが必要である．

(宮尾茂雄)

6. 害虫対策

納豆の製造現場で問題となる主な害虫について，原料（大豆）貯蔵施設と製造現場に分けて，発生する害虫の種類と生態を解説し，具体的な対策としてフェロモントラップの活用と殺虫剤の使用方法を紹介する．

6.1. 害虫の種類と解説

(1) 大豆貯蔵施設の害虫

貯蔵中の大豆に被害を与える害虫にノシメマダラメイガ（熨斗目斑螟蛾）（*Plodia interpunctella*）という小型のガが知られている．ノシメという名前は，成虫の前翅の模様が着物の熨斗目模様に似ているためとされている．熨斗目模様とは，袖の下部と腰のあたりの幅の広い横段模様をいう．前翅の先端部分は赤褐色であり，慣れると翅の模様から簡単に見分けることができる．

卵は楕円形で長径 0.35～0.5 mm，幼虫体長は 2～8 mm，蛹は約 8 mm，成虫体長は約 1 cm である（図 4-6）．卵期間は約 5 日，幼虫期間は約 23 日，蛹期間は約 7 日，成虫寿命は 10 日以内である．卵から成虫までの発育期間は，30℃付近で約 35 日である．老齢幼虫は，蛹になる場所を探して動き回り（ワンダリング），物の隙間等に潜り込んで糸を綴って繭を作り中で蛹になる（繭を作らず蛹となることもある）．羽化した成虫は摂食せず，被害を与えるのは幼虫である．

幼虫は雑食性で，玄米，ナッツ，チョコレート，パスタ，ドライフルーツ，唐辛子などを加害し，糸を吐くので，加害対象は糸で綴られた状態になることが被害の特徴である．大豆の場合，表面を摂食し，玄米やナッツに比べると発育は遅くなる．しかし，大豆粉末では，摂食しやすくなるため良好な発育がみ

| 卵 | 終齢幼虫 | 蛹 | 成虫 |

約5日 ➡ 約23日 ➡ 約7日 ➡ 約10日

図4-6　ノシメマダラメイガの生活史
(農研機構食品総合研究所ホームページ『貯穀害虫・天敵図鑑』より引用)

られる．加工食品に対しても，包装フィルムの隙間や通気口などをかじって製品内に侵入することが知られている．

　大豆に対するノシメマダラメイガの被害が進行すると，食べかすとして大豆粉末が増加し，それを餌とするコクヌストモドキやタバコシバンムシなどの甲虫類が発生することもあるので注意が必要である．

(2) 納豆製造現場の害虫

　納豆製造現場における，大豆の洗浄，浸漬，蒸煮の過程では大量の水が用いられ，温度と湿度の高い環境である．このような工場内の排水溝，流し台付近，湿気のある床の割れ目に堆積した食品の残渣，汚泥からはチョウバエ類，ノミバエ類，ショウジョウバエ類，ニセケバエ類などのコバエ類と呼ばれる害虫が発生することがある．いずれも成虫の体長は3 mm前後の小型のカやハエで，卵から成虫までの発育期間も2週間前後であり，短期間に大発生する可能性がある．成虫は飛翔するので，納豆製品内への飛び込みが起きやすく，異物混入となる害虫として注意が必要である．これらコバエ類を代表して，チョウバエ類のオオチョウバエについて解説したい．

　オオチョウバエ（*Telmatoscopus albipunctatus*）は漢字で書くと大蝶蝿となる．ところが，チョウでもハエでもなく，触角や幼虫，蛹の形態からカの仲間に分類される．人を吸血することはない．成虫は体長4～5 mmで，からだ全体が灰白色の毛で覆われ（図4-7），チョウのような幅広い翅でひらひらと飛翔することから，チョウのようなハエという和名が付けられたのであろう．

　卵は汚物の多い水辺に20～100個の塊で産み付けられ，25℃付近での卵期

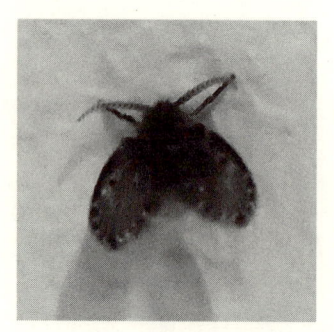

図 4-7　オオチョウバエ成虫（体長：4～5 mm）

間は 2～3 日，幼虫期間は 8～14 日，蛹期間は 3～4 日，成虫寿命は 2 週間以内である．幼虫は，スカム（汚泥が水面に浮かんだもの）と呼ばれる有機物の塊を食べ，呼吸のため腹部末端の呼吸管を水面に出しながら，汚泥の表面を活動する．水深が深いと死亡することがある．成虫は夜間に活動し，光に集まる習性がある．

6.2.　害虫対策
(1) 大豆貯蔵施設の害虫
　ⅰ) 原料搬入時
　貯蔵施設に搬入する原料（大豆）への害虫の混入に注意が必要である．例えば，原料の運搬時に使用された袋，ケース，パレット等に付着した害虫が，貯蔵施設内で繁殖し発生することがある．外部から持ち込まれたものを不用意に放置することがないように心がける．
　ⅱ) 低温貯蔵
　低温貯蔵は害虫対策には最も効果的である．温度を 15℃の低温に設定できれば，多くの害虫の発育と繁殖を抑えることができる．ただし，殺虫できるわけではないので常温に戻すと害虫の発育が再開される．
　ⅲ) フェロモントラップ
　昆虫は種内の情報伝達に，性フェロモンや集合フェロモンなどの化学物質を用いており，誘引源としてこれらのフェロモンを使ったトラップが市販されている．飛翔性昆虫や徘徊性昆虫に対応して設置方法を考慮した壁掛け型（図 4-8）や床置き型（図 4-9）のトラップがある．害虫を早期に発見するために

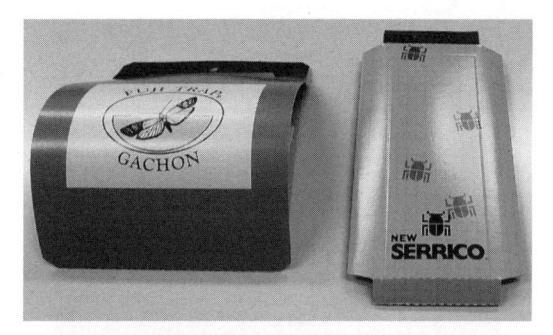

図4-8 飛翔性昆虫用の壁掛け型トラップ

図4-9 徘徊性昆虫用の床置き型トラップ

は,フェロモントラップを設置して,その発生数を継続調査する必要がある.

ノシメマダラメイガを例にして,市販されている性フェロモントラップを紹介したい.飛翔する雄成虫を捕獲するため,壁掛け式の性フェロモントラップを用いる.トラップは,粘着性をもった長方形の紙の上に性フェロモンを含んだ誘引剤を設置し,粘着面が内側になるように2つに折り曲げた構造である(図4-10).性フェロモンに誘引された雄成虫は,トラップ内の粘着面に捕獲される(図4-11).

フェロモントラップは貯蔵施設内と製造現場の両方に設置するとよいだろう.その際,施設の出入り口や機械の周辺への設置は避けた方がよい.屋外の害虫を施設内に誘引したり,機械周辺に誘引された害虫が捕獲される前に製品に混入したりする可能性があるからである.

性フェロモントラップに誘引されるのは雄成虫のみで,雌成虫は捕獲されな

図4-10 ノシメマダラメイガ用の性フェロモントラップ

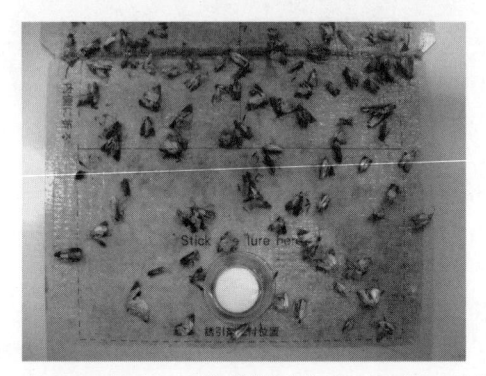

図4-11 性フェロモントラップに捕獲されたノシメマダラメイガ雄成虫

いので,害虫数を大幅に減らす効果は期待できない.しかし,害虫の発生を早期に発見できるため,効果的な対策を施すことができる.

iv) 殺虫剤

貯蔵施設でノシメマダラメイガの発生に気づかず,ある日突然大発生したという状況になった場合,早期に原料を廃棄することになるだろう.廃棄した後は,貯蔵施設の清掃を十分に行ない,害虫発生の原因となる大豆粉体を一掃する必要がある.また,潜んでいる害虫を殺すために,ピレスロイド系殺虫剤を処理,あるいはリン化水素(PH_3)によるくん蒸処理を行なう.リン化水素を

使用する場合は専門業者へ依頼する.
(2) 納豆製造現場の害虫
　ⅰ）清掃
　オオチョウバエをはじめとするコバエ類への対策は，幼虫の発生源である汚泥を日常的に掃除し除去することで発生を防ぐことができる.
　ⅱ）トラップ
　コバエ類の発生を早期に発見するためには，トラップを用いた継続調査を行なうことが望ましい．市販されている食物由来の揮発物質を用いたトラップや，粘着シートのみを用いたトラップ，ハエ取りリボンなどを製造現場へ設置する．
　ⅲ）殺虫剤
　成虫には，小数であれば市販のハエ，カ用のエアゾール剤の直接噴霧が有効である．また，掃除機で吸い取ることで，風圧による激突によりほぼ完全に死滅する．大量発生の場合は，ピレスロイド系の水性乳剤による空間噴霧や燻煙剤，ピレスロイド系の炭酸ガス製剤による噴霧が必要である．
　幼虫には，昆虫成長制御剤（Insect Growth Regulators, IGR）の散布が有効である．IGRとは，昆虫の脱皮を阻害するキチン合成阻害剤と，幼虫から蛹あるいは蛹から成虫への変態を阻害する幼若ホルモン様物質の2種類がある．キチン合成阻害剤には，ジフルベンズロン（商品名：デミリン），幼若ホルモン様物質には，ピリプロキシフェン（商品名：スミラブ）が知られている．IGRを使うことで，昆虫の正常な変態が阻害され，成虫になる前に死に至る．

【文　献】
1) 広瀬俊哉：『屋内でみられる小蛾類』文教出版，2004，1-6．
2) 武藤敦彦監修：『家の害虫撃退事典大発生チョウバエをやっつけろ』河出書房新社，2004，10-61．
3) 緒方一喜・光楽昭雄・平尾素一編：『食品製造・流通における異物混入防止対策』中央法規，2003，34-68．
4) 谷川力編：『写真で見る有害生物防除事典』オーム社，2007，197．
5) 横山理雄監修：『食品の安全・衛生包装』幸書房，2002，8-70．

（宮ノ下明大）

7. バクテリオファージ対策

7.1. 納豆菌ファージのタイピング

納豆菌のバクテリオファージ（以下，ファージと略す）については1960年代に精力的に研究され，血清学的に2，もしくは3グループに分類された[1,2]．最終的に既知の納豆菌ファージはゲノムDNAの相同性をもとに2つのグループに分けられることが明らかとなった[3]．

【器　具】
　超遠心分離機とそれに対応する遠沈管，パスツールピペット

【試　薬】
- 納豆菌ファージ：JNDMP, ONPA（＝MAFF 270105, MAFF 270115），農業生物資源ジーンバンクで入手可．
- 1 mg/ml RNase A：リボヌクレアーゼA（Sigma）を10 mM Tris・HCl（pH 7.5），15 mM NaClに溶かし，マイクロチューブに分注する．100℃，15分加熱して，そのまま室温まで冷却する．-20℃保存．
- 10 mg/ml DNase I：デオキシリボヌクレアーゼI（Sigma）を20 mM酢酸ナトリウム，150 mM NaCl，50％グリセリンに溶かす．-20℃保存．
- 10 mg/ml プロテイナーゼK：プロテイナーゼK（Sigma）を100 mM Tris・HCl（pH 8）に溶かし，37℃に30分置いた後，等量のグリセリンを加える．-20℃保存．
- フェノール・クロロホルム（1：1）混液：湯煎で溶かしたフェノールとクロロホルムを1：1に混ぜる．密封して冷暗所に保存．
- TE：10 mM Tris・HCl（pH 8），1 mM EDTA（pH 8）．オートクレーブ滅菌する（121℃，15分）．
- SM：0.1 mM NaCl，50 mM Tris・HCl（pH 7.5），0.2％ $MgSO_4・7H_2O$，0.01％ゼラチン．オートクレーブ滅菌（121℃，15分）．

【方　法】
ⅰ）ファージの分離
1) サンプルをSMで段階希釈し，「1章8. 形質導入法」に従い，重層寒天培地にプラークを形成させる．
2) 独立したプラークをパスツールピペットでくり抜き，SMで段階希釈し，1）と同様にしてプラークを形成させる．

3) 2) の操作を2回繰り返してファージを純化する．

ⅱ) ファージDNAの調製
1) 「1章8．形質導入法」に記載された要領でファージ懸濁液（およそファージ粒子10^{12}個）を用意する．
2) ファージ懸濁液の重さの0.06倍のNaClと0.1倍のポリエチレングリコール（分子量6000）を溶かし，氷上に2時間置き，遠心分離（10000×g, 4℃, 10分）で沈澱を集める．
3) 沈澱を2.5 ml SMに溶かし（パスツールピペットで沈澱を細かく崩す），1 μlの1 mg/ml RNase Aおよび1 μlの10 mg/ml DNase Iを加える．
4) 37℃，1時間反応させる（振とう培養機を利用するとよい）．
5) 遠心分離（10000×g, 4℃, 10分）により，上澄みを得る．
6) 上澄みを超遠心分離（200000×g, 4℃, 30分）してファージ粒子を沈澱として回収する．
7) 沈澱に450 μlのTE，50 μlの10％SDS，5 μlのプロテイナーゼK（10 mg/ml）を加え，55℃で1時間反応する．
8) 500 μlのフェノール・クロロホルム（1：1）混液を加え，充分に振り混ぜた後，遠心分離（10000×g, 4℃, 5分）を行なう．
9) 上層の水溶液をチューブに回収する．
10) 8)～9) の操作をあと2回繰り返す．
11) 50 μlの3 M酢酸ナトリウムを加えた後，1 mlの冷エタノールを加える．
12) 綿状の沈澱を取らないように，エタノールを除き，1 mlの冷エタノールついで1 mlの冷70％エタノールで沈澱を洗う（綿状の沈澱が見えない場合は室温に10分間置き，遠心分離［10000×g, 4℃, 10分］により沈澱を集める）．
13) 真空下で乾燥させる（もしくは風乾）．
14) 沈澱を100 μlのTEに溶かし，60 μlの20％ポリエチレングリコール（分子量6000），1.5 M NaClを混和する．
15) 氷上に2時間置き，遠心分離（10000×g, 4℃, 10分）により沈澱を得る．
16) 沈澱を冷70％エタノールで2回洗浄し，真空下で乾燥させる（もし

くは風乾）．

17）100 μl の TE に溶解する．

ⅲ）サザンブロッティング

検討対象のファージ，対照の JNDMP および ONPA のファージの DNA を HindⅢで分解し，アガロースゲル電気泳動で分離した後，検討対象のファージ DNA をプローブとしてサザンブロッティングを行なう．具体的な方法は「1章 7．挿入配列実験法」参照．

【備　考】

　ファージの分離に用いる宿主は，種菌がわかっている場合はその種菌を用いる．未知の場合はその納豆（もしくは大豆発酵食品）から納豆菌を分離してそれを宿主に用いる．

　JNDMP タイプと ONPA タイプのファージの違いは，前者は増殖にマグネシウムイオンを要求し，濁ったプラークを形成し，後者は増殖にマグネシウムイオンを要求せず，クリアなプラークを作ることである[3]．ONPA タイプのファージは強毒性（ビルレントファージ）であり，納豆製造に大きなダメージを与える．

　ファージに汚染された納豆では，ファージゲノムにコードされている PGA 分解酵素により γ-ポリグルタミン酸（納豆の糸）が分解され，健全な糸を引かなくなる[4]．ただし，雑菌汚染の可能性もあることには注意したい．

【文　献】

1）藤井久雄・白石淳・椛裕子ら：「醗工」53，1975，424-428．
2）吉本明弘・野村繁幸・本江元吉：「醗工」48，1970，660-668．
3）Nagai, T. and Y. Yamasaki：*Food Sci. Technol. Res.*, 15, 2009, pp293-298．
4）Kimura, K. and Y. Itoh：*Appl. Environ. Microbiol.*, 69, 2003, pp2491-2497．

　　　　　　　　　　　　　　　　　　　　　　　　　　　　（永井利郎）

7.2.　汚染対策

　ファージは納豆菌に寄生しなければ増殖できない．そのため，ファージとともに納豆菌の管理も重要である．基本的には「持ち込まない」「付けない」「増やさない」「殺菌する」の衛生管理の 4 原則を徹底することで，ファージによる汚染を防ぐことができる．

(1) 衛生管理4原則
　　原則①「持ち込まない」：ファージを工場内に持ち込まない
　ファージの持込み防止には，工場内の作業区域を清潔度別に区分し，汚染度の高いものを準清潔作業区域や清潔作業区域に持ち込まない仕組みを作ることが有用である．全国納豆協同組合連合会では，工場内の製造場の作業区域を清潔度別に以下のように区分している[1]．
　　1) 汚染作業区域：検収場，原材料・包装資材等の保管場，前処理場
　　2) 非汚染作業区域：
　　2)-1：準清潔作業区域：蒸煮，納豆菌接種場
　　2)-2：清潔作業区域　：盛込場，発酵室，熟成室，冷蔵保管室
　ファージは土壌や埃などに広く分布する[2]．持ち込まれる経路は，以下の3つが考えられる．対策例を以下に示す．
 i) 作業者の靴や衣類
　作業者が清潔作業区域に入る前には，作業着と靴を清潔なものに交換する．履き替え時や靴箱内で交差汚染が起こらないよう，外履き用と清潔区域内の靴の置き場所および履き替え場所に注意する．また，非汚染区域の前にエアーシャワーや長靴殺菌用洗浄槽を設けるとよい．洗浄槽内は定期清掃が必要である．
 ii) 包装資材等の入った段ボール
　段ボール入りの納豆容器やたれ等は，汚染区域で段ボール箱から出し，清潔なラックに移してから清潔作業区域に持ち込む．
 iii) 原料大豆
　原料大豆の洗浄水および浸漬水は，確実に排水溝に導き，床に流れないようにする（床に流れると作業者の靴底から交差汚染の可能性がある）．また，排水溝は最も高い頻度でファージ汚染が見つかる場所なので[3~5]，定期的に清掃・補修等を行ない，常に排水がよく行なわれる状態を保つ．
　　原則②「付けない」：納豆菌を工場内に残さない
　　原則③「増やさない」：納豆菌および納豆菌ファージが生育可能な場所を
　　　　　　つくらない
　　原則④「殺菌する」：ファージの不活性化および納豆菌の殺菌
　原則②～④は，納豆菌およびファージを排除するという点で共通である．納豆菌接種場，盛込場は，製造中は大量の納豆菌が存在するので，製造後の徹底

した装置の洗浄・殺菌が重要である．特に，蒸煮大豆に直接触れる，納豆菌接種器のノズルやホッパー，計量シャッター等は，分解できる部品は分解し，大豆かすを残さないように弱アルカリタイプの洗剤で洗浄する[2]．ファージは熱に弱く，65℃，10分以上の加熱で不活性化する[1]ので，装置洗浄の最後に熱湯をかけ，よく乾燥することは，ファージを抑えるために有効である．ただし，洗浄不足で豆かすとファージが混ざった状態では，80℃，15分の加熱でもファージは生き残るとの報告[4]もあり，その意味でも洗浄の重要度は高い．また，洗浄水にも納豆菌が含まれるので，洗浄水のかかった床や排水溝の洗浄・殺菌も忘れてはならない．殺菌の方法は，熱湯消毒，次亜塩素酸ナトリウム等の薬剤による殺菌を組み合わせて行なうとよい．

また，工場内で発酵不良の納豆が発生したり，返品により商品が戻った場合は，ファージの温床になる可能性が高いので，放置せず早急に焼却処分すべきである[2]．

【文献】
1) 食品産業センター・全国納豆協同組合連合会:『HACCP手法を取り入れた「納豆安全確保システム構築」マニュアル』，食品産業センター・全国納豆協同組合連合会，2000，7-8，83．
2) 渡辺杉夫:『食品加工シリーズ⑤納豆原料大豆の選び方から販売戦略まで』農林漁村文化協会，2002，76-81．
3) 古口久美子・宮間浩一・菊地恭二:『新規納豆菌の育種に関する研究』，栃木県食品工業指導所，1997，47-55．
4) 長谷川裕正:『茨城県工業技術センター納豆講習会資料』，茨城県工業技術センター，2006，33-42．
5) 滝口強・吉野功・湯浅秀子ら:「群馬県工業試験場研究報告」，1999，35-39．

（古口久美子）

8. 異物除去・検出法

納豆製品に混入する異物については，動植鉱物由来の思いもかけない物質が多い．大量生産工場では異物混入防止のため，工場内の整理整頓はもとより，昆虫の発生防止をも含めた衛生管理や，作業者の服装に対する注意等も併せ，教育を徹底しているが，年間の無事故を達成させることは中々至難である．混入事故の発生は消費者の不信を招き，メーカーもこの処理に大変な労力を費や

している．

8.1. 異物除去法[1]

　納豆製品に混入する異物は①鉱物由来のガラス，陶磁器の小破片，金属片，プラスチック片など，②植物由来の大豆病虫害粒，未熟粒，鞘，葉柄の小片，③動物由来の昆虫，体毛，人の毛髪などである．

　これらの原料由来の異物の除去は，原料精選工程および洗浄工程において徹底して行なわれている．

　まず，原料の精選工程では，
　　1) 粗選・風選機　　鞘，葉柄などの軽いゴミ除去
　　2) 石抜き機　　　　重い石等の除去
　　3) 研磨機　　　　　ブラシおよび大豆自身の摩擦で付着固形物を擦り取る
　　4) 粒形選別機　　　大豆の粒形を一定にする
　　5) 色彩選別機　　　原料中に混入している不良品を，分光特性（反射・透過率）の差で選別し，着色粒，未熟粒，異種穀粒などを除去する
　　6) 金属検出機　　　金属を検出し除去する

　このような乾式での異物除去工程を経て原料大豆はチャージタンクに保管される．

　次の洗豆工程では4段階の洗浄工程を経て付着物の除去が行なわれる．
　　1) 第1洗浄槽はスクリュー式で送り洗いし，大豆表面の付着物を水で洗い流し，石・金属等の重い異物を沈ませ，軽い異物をオーバーフローで除去する．
　　2) 第2洗浄筒では，バーチカルポンプの渦巻き水流で物理的に揉み洗いし，次のトロンメル（回転ふるい）に送る．
　　3) 第3のトロンメルでは網状の6角筒内で大豆を研磨し，新しい清水のシャワーですすぎ洗いし，付着物と微生物を洗い落とす．
　　4) 洗浄した大豆を新しい清水を貯えた第4タンクに再び投入し，洗浄大豆を水中ポンプで水輸送し，水分離機から浸漬槽に投入する．

　水中での物理的な揉み洗いと清水でのすすぎ洗いを交え，原料大豆の付着物と土壌微生物を洗い落とし，細菌数 10^2 程度の状態となる．

次の浸漬・蒸煮・納豆菌接種工程を経て最終製品となる納豆容器への充填作業が行なわれる．現在は少なくなったと思われるが，以前はこの充填工程での毛髪の混入が多く，その原因はPSP容器を充填機の容器供給装置に移す時に，作業者がPSP容器の箱の上に頭をもっていき静電気により毛髪が吸着されるためであった．以後容器の箱を斜めに固定し，取りやすくし，頭の位置を外したため，事故は激減した．

8.2. X線異物検査装置[2]

後を絶たない混入事故のため，最近では包装ラインにX線による異物検査装置が置かれるようになったのでこのシステムの概要を述べる．

(1) システムの概要

このシステムは，食品中の異物を検出するためのインライン用X線自動異物検査システムである．

被検査製品にX線を照射し，透過X線を高精度ラインセンサーにより，高いS/N比でデータ収集を行ない，高速に信号処理をして異物の混入を自動判定する．また，この異物混入信号を除去装置に送り，異物の混入品を自動除去する．また，様々な食品用パッケージの材質に左右されずに，安定した検査能力を発揮する．

(2) システムの特徴

1) X線ラインセンサーのダイナミックレンジが広く，様々な食品およびパッケージに適用できる．
2) 高速のデータ収集を行なってもデータ精度の変化が少ないため，検出精度が安定している．
3) 異物の検出精度（信号判定レベル）は任意に設定できるので検査製品に応じた柔軟な運用が可能．
4) 塩分，グルタミン酸ソーダなどの含有で導電率の高い食品でも，磁性，非磁性を問わず金属を高感度で検出できる．
5) アルミ蒸着フィルム，アルミ箔などの金属パッケージでも，同様に，磁性，非磁性を問わずに金属を高感度で検出できる．
6) 金属，石，ガラス，骨などの危険な混入物を検査できる．
7) 肉眼視に適した静止画像を表示するので再検査が容易．
8) 各種の装置製品に最適除去装置が選択できる．

9) X線検査室内部の搬送コンベヤーのベルトは，装置から引き出し洗浄可能．
10) 材質，ステンレススチール（SUS304）．

【文 献】
1) 鈴与工業（株）：原料処理装置資料．
2) 日新電子工業（株）：X線異物検査装置資料．

(渡辺杉夫)

9. 遺伝子組換えダイズ分析法

遺伝子組換え（Genetically Modified, GM）食品の検知法は，組換えDNAを検出するものと，組換えDNAに由来するタンパク質を検出するものに大別される．加工食品に含まれるタンパク質は加工工程での変性・分解を経て立体構造が保たれておらず，検出できない場合がある．したがって，GMダイズの分析法は適用範囲の広いDNAによる分析が適用されることが多い．本節では，原料ダイズおよびその加工品である納豆に対する分析法について，DNAによる手法に絞って解説する．以下に記載する分析法は，研究的な実験手法の記述を含むため，JAS法等の各種法律に基づく検査[1,2]に適用するとはいえない．また，各種法律が定めた検査手法は必要により随時変更が加えられるため，分析試験法のプロトコルに適合するか随時確認する必要がある．

9.1. 実験を行なう際に留意すべきこと

(1) 適用範囲

原料の未加工ダイズおよび半加工品の一部は定量分析にも適用できる．加工された食品から抽出されたDNAについては，加工の程度により内在性DNAのコピー数と組換えDNAのコピー数の残存率が加工前と一致することが明らかであれば定量可能である．しかし，多くの加工食品（原料等の粗加工食品を除く）は原材料の混入率を反映しているとはいえないことが我々の研究結果から明らかとなっている[3,4]．したがって，加工食品に対する検査には一般にDNAによる定性分析が適用される．また，加工食品は複数の原材料から製造されているものが大半であり，それぞれの加工程度が一致していることの確認は困難であるため，このような場合には原材料に遡って定量試験を行なう．納

豆についても，加工工程によるDNAの分解率は製品毎に異なり一定ではないため，未加工のダイズ原料を入手してDNAを抽出後，混入率を求める．

(2) コンタミネーションの防止

DNAによるGM食品の検査・分析では，ポリメラーゼ連鎖反応 (Polymerase Chain Reaction, PCR) を用いる．この技術は，検知の対象とするDNAを増幅し，検出するので，わずかなコンタミネーション（混入・汚染）でも検査結果に影響を与える場合がある[1]．このため，サンプリング，DNA抽出，PCR増幅，電気泳動の作業動線を保ちつつ，各作業工程でのコンタミネーションの防止に細心の注意を払う必要がある．また，この観点から，試験に用いるチップ，チューブ等の消耗品は再利用不可とし，オートクレーブや乾熱等，試薬や消耗品の性状や必要性を勘案して滅菌することが望ましい．

(3) 試薬の調製

DNAによるGM食品の検査・分析では，緩衝液等，一部の試薬は自ら調製するか，調製済みの試薬として購入する．自ら調製する場合はコンタミネーションに配慮して作製し，必要に応じてコンタミネーションが生じていないことを確認してから使用する[1]．

9.2. 納豆の分析法

(1) 納豆の洗浄・粉砕

納豆に関わるGMダイズの検査は，納豆菌に由来するDNAを除く目的で，納豆から菌を含む粘着層を洗浄により除去し，ダイズ由来のDNAの純度を高めることが検査結果を安定させるうえで重要である[1]．また，納豆は水と共に粉砕するため，粉砕機器は水分を含む試料に適したもので，コンタミネーション防止の観点から，粉砕容器，カッター等が分解でき，洗浄等が可能な機器が適している．

【器　具】

ざるまたは台所用水切りネット，キッチンペーパー，粉砕器（水分を含む試料に適したもの）

【試　薬】

滅菌した蒸留水

【方　法】

1) ざるまたは台所用水切りネットに納豆1パックを開け，納豆がつぶれ

ない程度に流水（水道水）で15分間軽くもみ洗いし，納豆表面の粘着層を除く．
2) 納豆に付着している水道水を置換する目的で滅菌した蒸留水により充分にすすぎ洗いを行ない，ざるまたは台所用水切りネット越しにキッチンペーパー等で軽く水気を取る．
3) 洗浄した納豆を秤量し，等重量の滅菌した蒸留水と共に水分を含む試料に適した粉砕器に加え，均質になるまで粉砕・混合する．
4) 必要量を秤量し，DNA抽出用試料とする．

【備　考】
挽き割り納豆については，粒度が細かく崩れやすいため，流水（水道水）を洗い桶に汲み，その中で洗うとよい．その場合には，洗い桶からのコンタミネーションに留意すると共に，適切に洗い桶の水を交換して粘着層を除くこと．

(2) 納豆からのDNA抽出

納豆は製造工程の違い等により，残存するDNAの量や質が異なる．このため，DNA抽出方法やDNA抽出に供する試料量はその試料毎に検討する必要がある．以下には，加工食品からのDNA抽出に用いられる手法の例を示す．

ⅰ) DNeasy® Plant Maxi kitによる納豆からのDNA抽出

JAS分析試験ハンドブックには加工食品一般に対するDNA抽出法として，DNeasy® Plant Maxiキットを使用する手法が記載されている[1]．一般に，カラム径が大きいため，下記ⅱ) GM quicker 3 による方法よりも負荷する試料量を多くできる．このため，DNAの回収量が多くなることが期待される．

【器　具】
冷却遠心分離機（2 ml チューブを 12000×g で遠心可能なもの），試験管ミキサー，水分を含む試料に適した粉砕器，スイング式遠心分離機（50 ml チューブを 3000×g で遠心可能なもの）

【試　薬】
・DNeasy® Plant Maxi kit：キアゲン
・70 %（v/v）エタノール
・TE（pH 8.0）緩衝液：10 mM Tris-HCl（pH 8.0），1 mM EDTA（pH 8.0）緩衝液

【方　法】
1) 均一になったDNA抽出用試料適量を 50 ml チューブに計量し，20 μl

のRNase（キット添付品）および，あらかじめ65℃に保温した10 mlのAP1 bufferを直接添加する．
2) 抽出試料がチューブの底に残らなくなるまで転倒混和した後，試験管ミキサーを用いて撹拌する．
3) 65℃の恒温水槽中で1時間保温する．その際に，15分毎に3回，激しく転倒混和後，試験管ミキサーを用いて10秒間最高速で撹拌する．
4) スイング式遠心分離機を使用して3000×g，室温で10分間遠心分離する．
5) 沈殿物や上層の膜状のものを吸わないよう注意して1000-5000 μl容のマイクロピペットで上清を7 ml採取し，上清を新しい50 mlチューブに移す．
6) チューブに2.5 mlのAP2 bufferを添加後，試験管ミキサーを用いて10秒間最高速で撹拌後，氷水中に15分間静置する．
7) スイング式遠心分離機を使用して3000×g，室温で35分間遠心分離する．
8) 沈殿物や上層の膜状のものを吸わないよう注意して，1000-5000 μl容のマイクロピペットにより上清を8 ml採取し，QIAshredder spin column (lilac) に負荷する．
9) スイング式遠心分離機を使用して3000×g，室温で5分間遠心分離する．
10) チューブの底に溜まった沈殿物を吸わないように注意して1000-5000 μl容のマイクロピペットにより上清を7.5 ml採取し，新しい50 mlチューブに移す．
11) 試験管ミキサーを用いて10秒間最高速で撹拌した後，1000-5000 μl容のマイクロピペットにより上清を6.8 ml採取し，新しい50 mlチューブに移す．
12) 1000-5000 μl容のマイクロピペットを用いて，チューブに10.2 mlのAP3/Et-OH bufferを添加し，試験管ミキサーを用いて10秒間最高速で撹拌した後，チューブを傾けて溶液全量をDNeasy spin columnに負荷する．
13) スイング式遠心分離機を使用して3000×g，室温で15分間遠心分離し，通過画分を捨てる．

14) カラムを新しい 50 ml チューブに移し，1000–5000 μl 容のマイクロピペットを用いてカラムに 12 ml の AW buffer を加え，スイング式遠心分離機を使用して 3000×g，室温で 15 分間遠心分離する．
15) カラムを新しい 50 ml チューブに移し，あらかじめ 65 ℃に保温した 1 ml の滅菌した蒸留水を加える．
16) 5 分間室温で静置後，スイング式遠心分離機を使用して 3000×g，室温で 10 分間遠心分離する．
17) 100–1000 μl 容のマイクロピペットを用いて溶出液の液量を量り，2 ml のチューブに移す．溶出液と等量のイソプロパノールをチューブに加える．
18) ゆっくりと 10 回転倒混和後，5 分間室温で静置する．
19) 遠心分離器により，12000×g，4 ℃で 15 分間遠心分離後，沈殿物を吸わないように上清を除く．
20) 500 μl の 70 %エタノールを添加し，軽く指先ではじく．
21) 遠心分離機により，12000×g，4 ℃で 3 分間遠心分離後，沈殿物を吸わないように上清を完全に除き，沈殿物を乾燥させる．
22) 50 μl の TE（pH 8.0）緩衝液をチューブに加え，沈殿物を溶解する．
23) 指先でチューブをはじき，遠心分離して器壁から液滴を回収するという操作を繰り返し，一晩（12～24 時間）冷蔵庫に静置する．
24) 目視で不溶物がないことを確認し，これを DNA 溶出溶液とする．24 時間静置後も不溶物が認められる場合には，12000×g，4 ℃，3 分間遠心分離して得られた上清を新しい 2 ml チューブに移し，これを DNA 溶出溶液とする．沈殿は −20 ℃以下で保管しておく．

【備　考】

22) において TE（pH 8.0）緩衝液を添加する際には，抽出される DNA 量により，適時希釈量を変更する．

PCR に必要な濃度の DNA 溶液が得られなかった場合には，以下の対策を行なう．

①得られた DNA 溶出溶液をエタノール沈殿等で濃縮する．

②最初から DNA 抽出操作をやり直し，22) で DNA の溶解に用いる TE（pH 8.0）緩衝液を 20 μl とする．

①，②の操作を行なっても PCR に必要な濃度の DNA 溶液が得られなかっ

た場合には，②で得られた DNA 溶液の原液を PCR に使用する．

ⅱ）GM quicker 3 による納豆からの DNA 抽出

　GM quicker 3 は DNA の断片化が進んだ加工食品からの DNA 抽出を目的として開発された DNA 抽出キットである．納豆を対象とした DNA 抽出には，「水分を含む吸水性の弱い加工食品からの DNA 抽出プロトコル」を適用する．本キットは，一般に，上記ⅰ）の DNeasy© Plant Maxi kit による方法よりも短時間で簡便に DNA を抽出できる長所がある．

【器　具】

　試験管ミキサー，アングル式遠心分離機（50 ml チューブを 9000×g で遠心可能なもの），冷却遠心分離機（2 ml チューブを 13000×g で遠心可能なもの）．

【試　薬】

　GM quicker 3：ニッポンジーン

【方　法】

1) 均一になった DNA 抽出用試料適量を 50 ml チューブに計量し，1 ml の GE1 Buffer，10 μl の RNase A，2 μl の α-Amylase および 20 μl の Proteinase K（キット添付品）をそれぞれ添加する．試験管ミキサーで均質になるまで 30 秒間以上撹拌する．

2) 65 ℃，30 分間保温し，10 分間毎に 2 回，試験管ミキサーにて 10 秒間激しく撹拌する．

3) チューブに 200 μl の GE2-P Buffer を添加し，試験管ミキサーでよく混和する．

4) 遠心分離機を使用して ≧ 9000×g，4 ℃，10 分間遠心分離する．

5) 沈殿を吸わないように上清 800 μl を 2.0 ml マイクロチューブに移す．

6) チューブに 600 μl の GB3 Buffer を添加し，10～12 回激しく転倒混和する．

7) 遠心分離機を使用して ≧ 9000×g，4 ℃，5 分間遠心分離し，沈殿を吸わないように上清を可能な限り 2 ml チューブへ回収する．

8) 7）で回収した上清のうち，上清 700 μl を Spin Column に移し，≧ 13000×g，4 ℃，30 秒間遠心分離する．通過画分は廃棄する．

9) 残りの上清全量を Spin Column に移し，≧ 13000×g，4 ℃，30 秒間遠心分離する．通過画分は廃棄する．

10) 600 μl の GW Buffer を Spin Column に供し，≧ 13000×g，4 ℃，60 秒

間遠心分離する．通過画分は廃棄する．
11) Spin Column を新しい 1.5 ml チューブに移す．
12) 50 μl の TE（pH 8.0）緩衝液を Spin Column のフィルター中央に滴下した後，3 分間室温で静置する．
13) ≧ 13000×g，4 ℃，60 秒間遠心分離して通過画分を回収し，これを DNA 溶出溶液とする．

【備　考】
キット添付のプロトコルには代表的な実験例として試料量 1.0 g との記載があるが，抽出対象により適時最適化する．

(3) DNA 濃度の測定

DNA 抽出液は，分光光度計の仕様に合わせて希釈し，200～500 nm の範囲で紫外吸光スペクトルを測定し，230，260 および 280 nm の吸光度を測定する．260 nm での O.D. 値 1 を 50 ng/μl の DNA 溶液として DNA 濃度に換算する．

【備　考】
一般に，純度が高く，断片化が進んでいない DNA の目安としては O.D. 260 nm/O.D. 280 nm の値が 1.7～2.0 程度を示すとされている．

加工食品から得られた DNA については，DNA の断片化が進み，得られる DNA 濃度が極めて低いことがあるため，少量の DNA 液で希釈を行なわずに DNA 濃度が測定可能な分光光度計を使用することも可能である．

JAS 分析試験ハンドブック[1]には DNA 抽出後，DNA 溶液から 5 μl を取り，TE（pH 8.0）緩衝液を 45 μl 加えて計 50 μl の DNA 濃度測定用試料を調製する旨記載がある．JAS 分析試験ハンドブックではこの基準に基づいて，9.2（2）i）の【備考】に記載の「PCR に必要な濃度の DNA 溶液が得られなかった場合」について判断している．濃度が薄い場合には再度 DNA 抽出を行ない，再抽出した DNA も濃度が薄い場合には，そのまま用いるとされている．

(4) 定性 PCR

PCR の原理は，増幅の標的となる DNA とその両端の配列に相補的な DNA プライマー対および耐熱性 DNA ポリメラーゼを用いて DNA を増幅することである．温度変化の第 1 段階は標的二本鎖 DNA を熱変性して一本鎖に乖離する工程（熱変性），第 2 段階はプライマーを一本鎖 DNA に結合させる工程（アニーリング），第 3 段階はプライマーの伸長反応である．この 3 段階を 1 サイクルと呼び，これらを n 回繰り返すと理論上は標的 DNA が 2^n 倍に増幅され

る．このため，DNA がわずかに混在する試料からも高感度にその存在を調べることが可能であり，今日様々な試験に用いられている．

【器　具】

サーマルサイクラー（GeneAmp© system 9700［ライフテクノロジーズ，Max mode で使用］，PTC-200 DNA Engine［バイオ・ラッドラボラトリーズ］またはこれらの機器を用いて行なった PCR と同じ結果を示すもの），試験管ミキサー，アングル式遠心分離機（50 ml チューブを 9000×g で遠心可能なもの），冷却遠心分離機（2 ml チューブを 13000×g で遠心可能なもの）

【試　薬】

・DNA ポリメラーゼ：Amplitaq™ Gold（ライフテクノロジーズ）または同等品．
・デオキシヌクレオチド三リン酸溶液：dNTPs（2 mM each）．Amplitaq™ Gold 添付品．
・塩化マグネシウム溶液：$MgCl_2$（25 mM）．Amplitaq™ Gold 添付品．
・PCR 用緩衝液：10×PCR buffer II．Amplitaq™ Gold 添付品．
・プライマー対：検知対象に合わせて，表 4-6 のプライマーを購入，あるいは合成する．既製品のプライマー対についてはニッポンジーンまたはファスマックから購入する．
・陽性コントロール：GM ダイズ（RRS）陽性コントロールプラスミドをニッポンジーンまたはファスマックから購入する．
・陰性コントロール：滅菌した蒸留水または TE（pH 8.0）緩衝液

【方　法】

1) PCR 液の組成は，表 4-7 に定める．PCR を行なう試料数に合わせてチューブを用意し，この本数に合わせて全体の PCR 液量を決め，表の組成で調製後，鋳型 DNA（上記の DNA 溶出溶液）を除く各 PCR

表 4-6　ダイズの定性分析に用いるプライマー対

プライマー名	DNA 配列（5'→3'）	増幅長（bp）
ダイズ内在性 DNA Le1n02 オリゴヌクレオチド	GCC CTC TAC TCC ACC CCC A GCC CAT CTG CAA GCC TTT TT	118
GM ダイズ（RRS）系統別 DNA RRS-01 オリゴヌクレオチド	CCT TTA GGA TTT CAG CAT CAG TGG GAC TTG TCG CCG GGA ATG	121

液を混合調製する．これを PCR チューブに各 22.5 µl 分注する．
2) プライマーなしの陰性コントロールについては，1) の PCR 液と同じ試薬を用いてプライマー対を含まない PCR 液を別途調製する．
3) 各 PCR チューブに PCR の鋳型 DNA を 2.5 µl ずつ加える．コンタミネーション防止の観点から，陰性コントロール，抽出 DNA，陽性コントロールの順で調製する．
4) すべての鋳型 DNA を添加後，チューブを良く混合，スピンダウンして PCR 装置に供する．PCR の温度条件は表 4-8 に定める．
5) PCR 終了後は，直ちに電気泳動に供する．一般に，数時間程度放置する場合には冷蔵とし，これを越える場合には冷凍で保存する．

【備　考】
JAS 分析試験ハンドブックに記載の分析方法

JAS 分析試験ハンドブック[1]において，GM 食品の定性 PCR 検査は，DNA 抽出液 1 点あたりチューブ 1 本ずつ行なう．本法は DNA 抽出液の中に GM ダ

表 4-7　PCR 溶液組成

試薬名	液量/PCR チューブ	最終濃度
滅菌水	15.375 µl	
10x PCR buffer II	2.5 µl	1x
2 mM each dNTPs	2.5 µl	各々 0.2 mM
25 mM MgCl$_2$	1.5 µl	1.5 mM
25 µM each プライマー対	0.5 µl	各々 0.5 µM
AmpliTaq Gold® DNA Polymerase	0.125 µl	(0.625 単位)
DNA 試料（または滅菌水）	2.5 µl	
全量	25 µl	

表 4-8　温度サイクル条件

	温度	時間	サイクル数
最初の変性	95 ℃	10 分	1 サイクル
変性	95 ℃	30 秒	
アニーリング	60 ℃	30 秒	40 サイクル
伸長反応	72 ℃	30 秒	
最後の伸長反応	72 ℃	7 分	1 サイクル
保存	4 ℃	―	

イズ由来の DNA が含まれているか明らかにするために行なう．また，定性PCR を行なう際には，ダイズ内在性 DNA（ダイズが潜在的にもっている DNA 配列）を同時に測定し，DNA 液に阻害物質が含まれていないことを陽性コントロールで確認する．また，試薬に PCR の鋳型となる DNA が含まれていないことを示すための陰性コントロール（鋳型 DNA を水で置き換えたもの），PCR 液にプライマーのみ含まれていない陰性コントロールにより，特に加工食品の場合には断片化した DNA が反応していないことを示すことが必要である．

PCR 例を図 4-12 に示した．アガロースゲル電気泳動については下記（5）を参照．

(5) アガロースゲル電気泳動

アガロースと緩衝液を加温してゲルを作製し，電気泳動により DNA 等の核酸を大きさに応じて分離することで PCR により増幅した DNA の有無を確認する．電気泳動が終了したゲル片は，エチジウムブロミド等の染色試薬をあらかじめアガロースゲルおよび TBE（または TAE）緩衝液へ添加しておき，電

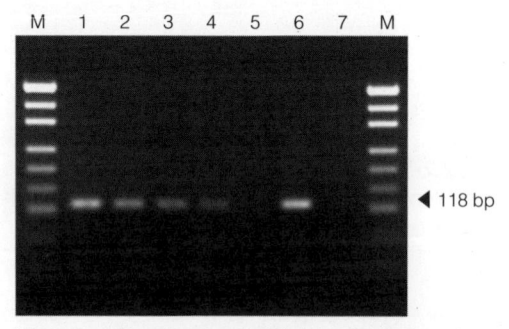

図 4-12 定性 PCR による納豆由来 DNA を鋳型としたダイズ内在性 DNA *Le*1 の検出比較
市販の挽き割り納豆を試料として用い，実験方法は本書に記載の方法によった．レーン 1～5 は GM qicker3 で DNA 抽出を行ない，レーン 1 から順に原液，10 倍，10^2 倍，10^3 倍，10^4 倍希釈して鋳型 DNA を調製し，それぞれ PCR を行なった．電気泳動は 3 ％アガロースゲルで行なった．レーン 6；陽性コントロール，レーン 7；陰性コントロール（DNA なし），M；DNA マーカー．

気泳動（前染色）するか，あるいは電気泳動後に浸漬染色（後染色）すると，ゲル内でDNAと当該染色試薬が結合する．その後，ゲルに紫外線を照射することで染色DNAが蛍光を発し，その存在を確認できる．また，染色に使われたエチジウムブロミドの量はDNAの分子の長さと量に比例するため，蛍光の強さによってDNA量を確認することも可能である．本書では，JAS分析試験ハンドブック[1]に記載のミューピッド2 plus電気泳動装置を用いて，前染色法による電気泳動法を紹介する．

【器　具】
　アガロースゲル電気泳動装置（ミューピッド2 plus電気泳動装置［アドバンス］またはその同等品），ゲルメーカー（電気泳動装置指定品），トランスイルミネータ，写真撮影装置

【試　薬】
・アガロース
・TBEまたはTAE緩衝液：10×TBE（1 l中Tris 108 g, ホウ酸55 g, 0.5 M EDTA［pH 8.0］40 ml）または50×TAE（1 l中Tris 242 g, 氷酢酸57.1 ml, 0.5 M EDTA［pH 8.0］100 ml）を脱イオン水で希釈して用いる．
・10 mg/ml エチジウムブロミド
・ゲルローディング緩衝液（ブルージュース）：例えば0.25％ブロモフェノールブルー（BPB），1 mM EDTA, 40％ショ糖
・DNA分子量マーカー：泳動対象のバンド長に適合したもの

【方　法】
1) 厚さが均一なアガロースゲルを作製するため，水平な場所でゲルメーカーを組み立てる．
2) ゲルの説明書等の情報を基に分離したいDNA長に合った濃度を選択し，三角フラスコ等の容器に必要量のアガロースを秤量し，TBE（またはTAE）緩衝液を加えて電子レンジ等にて加熱し，よく混ぜながらアガロースを溶解する．
3) アガロースが完全に溶けたことを確認し，終濃度で100 ml あたり50 μgのエチジウムブロミドが含まれるように，エチジウムブロミド溶液を添加する．エチジウムブロミド溶液が均一となるように混合する．
4) ゲルメーカーに流し込み，コームを取り付ける．

5) 30分程度静置し，ゲルが冷えて固まっていることを確認してゲルを傷つけないようにゆっくりとコームを抜く．
6) ゲルを電気泳動装置に置き，ゲルを覆うくらいまでTBE（またはTAE）緩衝液を注ぐ．
7) 増幅終了後のPCR液 5 μl に対して 1 μl のゲルローディング緩衝液を加え，ウェルにゆっくりと入れる．同じゲルで同時にDNA分子量マーカーも加える．
8) ゲルのウェル側がマイナス極であることを確認し，100 Vまたは50 Vで電気泳動を行なう．
9) ゲルローディング緩衝液に含まれるBPB（青色の色素）がゲルの半分の位置まで達したことを確認し，電気泳動を止める．
10) トランスイルミネーターにラップを敷き，その上にゲルを置いて紫外線を照射する．ポジティブコントロールおよびDNAマーカー由来の蛍光を参考にCCDカメラを調整し，ゲルの泳動パターンを確認後，速やかに写真を撮る．
11) 各DNA試料について，DNA由来のバンドが確認された試料を陽性と判断する（図4-12）．

【備　考】
　アガロースゲル電気泳動は，DNAの剪断やRNAの混入評価，DNA濃度の定量等に幅広く用いることが可能である．

9.3. ダイズ原料の分析法

　以下に納豆の原料となるダイズ穀粒に対する分析手法を記載する．本法はJAS分析試験ハンドブック[1])に記載の方法の他，食品衛生法に基づく分析試験方法を含めて紹介する．

(1) ダイズのふるい掛け
　分析対象のダイズ穀粒には分析対象以外の所から持ち込まれたダイズ種皮や欠片，茎等の異物が混入している．しかし，ダイズは吸水性が高いため，水等で洗浄することができない．このため，精密な分析が必要な場合には，ダイズを通さない程度のメッシュによるふるい掛けを行なう．

(2) ダイズの粉砕
　ダイズ穀粒は乾燥試料として扱われるため，粉砕機器にはコンタミネーショ

ン防止に配慮しつつ，必要な粒径まで粉砕可能であることが求められる．そのため，粉砕容器，カッター等が分解でき，洗浄等が可能な機器が望ましい[1]．

(3) ダイズからのDNA抽出

ダイズ穀粒を粉砕した後，DNAを抽出する．我が国の標準分析法には様々な方法が記載されているが，ダイズ・トウモロコシからのDNA抽出には，穀粒を対象として当研究室で以前に開発したGM quicker（ニッポンジーン）が操作性や迅速性の点から優れている．操作方法はキットに添付されているプロトコルに従う．また，本キットは食品衛生法に関わる検査法である「組換えDNA技術応用食品の検査方法について」[2] に記載されているが，キットのプロトコルと一部異なる箇所があるため，検査が目的である場合には「組換えDNA技術応用食品の検査方法について」に記載の方法に従わねばならない．

(4) DNA濃度の測定

「9.2（3）DNA濃度の測定」に準じる．

(5) 定量PCR

定量PCRはダイズゲノムDNAに普遍的・安定的に存在する内在性DNA配列と，組換えDNA配列の存在比率から求める．具体的には，リアルタイムPCR装置を用いてDNA試料に含まれる内在性DNA配列と組換えDNA配列のコピー数をそれぞれ測定する．具体的な測定方法については標準分析法，論文等が参考になる[1,2,5〜7]．

(6) GMダイズの標準物質

（独）農研機構・食品総合研究所では，ISO/IEC guide34およびISO17025の認定を受け，我が国のGM農作物を対象とした標準分析法に適用可能な内部（品）質管理用の認証標準物質を製造・配付している（http：//nfri.naro.affrc.go.jp/yakudachi/iso/gmdaizu.html）．これを用いることにより，測定者は自らの測定結果の質が適切であるか確かめることができる．

【文　献】

1）農林水産消費安全技術センター：『JAS分析試験ハンドブック遺伝子組換え食品検査・分析マニュアル改訂第2版』http://www.famic.go.jp/technical_information/jashandbook/index.html
2）組換えDNA技術応用食品の検査方法について（食安発第0629002号平成18年6月29日）http://www.nihs.go.jp/food/group3/0629002.pdf
3）Yoshimura, T., H. Kuribara, T. Matsuoka et al.：*J. Agric. Food Chem.*, 53, 2005, pp2052−2059.
4）Yoshimura, T., H. Kuribara, T. Kodama et al.：*J. Agric. Food Chem.*, 53, 2005, pp2060−2069.

5) Kuribara H., Y. Shindo, T. Matsuoka et al.：*J. AOAC Int.*, 85, 2002, pp1077−1089.
6) Kodama, T., H. Kuribara, Y. Minegishi et al.：*J. AOAC Int.*, 92, 2009, pp223−233.
7) ISO21570：2005 Foodstuffs −Methods of analysis for the detection of genetically modified organisms and derived products −Quantitative nucleic acid based methods.

（古井　聡）

10.　残留農薬

　食品中の残留農薬については食品衛生法第 11 条で規定された残留基準が定められている．残留基準が定められていないものについては「人の健康を損なうおそれのない量」としていわゆる「一律基準」(0.01 ppm) で規制され，すべての食品が対象になっている．規格基準が定められていない加工食品については，原材料が規格基準に適合していれば，当該加工食品も適合していると判断される．納豆の場合は，大豆の規格基準を参照することになる．農作物の試験方法については，厚生労働省から通知されており，本書では一斉分析法の紹介を行なう．この一斉分析法は納豆にも適用可能であるが，対象農薬すべてが測定可能かどうかは納豆において妥当性評価を行なって判断する必要がある．

10.1.　GC−MS 一斉試験法
【器　具】
　ホモジナイザー，ガスクロマトグラフ−質量分析計（GC−MS または GC−MS/MS）
【試　薬】
　0.5 M リン酸緩衝液（pH 7.0）：リン酸水素二カリウム（K_2HPO_4）52.7 g およびリン酸二水素カリウム（KH_2PO_4）30.2 g を量り取り，水約 500 m*l* に溶解し，1 M 水酸化ナトリウムまたは 1 M 塩酸を用いて pH を 7.0 に調整した後，水を加えて 1 *l* とする．
【試験溶液の調製】
　1) 納豆を包丁で細切した後，フードプロセッサーで均質化する．
　2) 磨砕均質化した試料 20.0 g にアセトニトリル 50 m*l* を加え，ホモジナイズした後，吸引ろ過する．
　3) ろ紙上の残留物にアセトニトリル 20 m*l* を加え，ホモジナイズした

後，吸引ろ過する．
4）得られたろ液を合わせ，アセトニトリルを加えて正確に100 m*l* とする．
5）抽出液20 m*l* を採り，塩化ナトリウム10 g および0.5 M リン酸緩衝液（pH 7.0）20 m*l* を加え，10分間振とうする．静置した後，分離した水層を捨てる．
6）オクタデシルシリル化シリカゲルミニカラム（1000 mg）にアセトニトリル10 m*l* を注入し，流出液は捨てる．
7）このカラムに上記のアセトニトリル層を注入し，さらに，アセトニトリル2 m*l* を注入して，全溶出液を採り，無水硫酸ナトリウムを加えて脱水し，無水硫酸ナトリウムをろ別した後，ろ液を40 ℃以下で濃縮し，溶媒を除去する*[1]。
8）残留物にアセトニトリルおよびトルエン（3：1）混液2 m*l* を加えて溶かす．
9）グラファイトカーボン／アミノプロピルシリル化シリカゲル積層ミニカラム（500 mg/500 mg）に，アセトニトリルおよびトルエン（3：1）混液10 m*l* を注入し，流出液は捨てる．
10）このカラムに8）で得られた溶液を注入した後，アセトニトリルおよびトルエン（3：1）混液20 m*l* を注入し，全溶出液を40 ℃以下で1 m*l* 以下に濃縮する．
11）これにアセトン10 m*l* を加えて40 ℃以下で1 m*l* 以下に濃縮し，再度アセトン5 m*l* を加えて濃縮し，溶媒を除去する*[1]．
12）残留物をアセトンおよび*n*-ヘキサン（1：1）混液に溶かして，正確に1 m*l* としたものを試験溶液とする．

【検量線】

各農薬等の標準品について，それぞれのアセトン溶液を調製し，それらを混合した後，適切な濃度範囲の各農薬等を含むアセトンおよび*n*-ヘキサン（1：1）混液溶液を数点調製する．それぞれ2 µ*l* を GC-MS または GC-MS/MS に注入し，ピーク高法またはピーク面積法で検量線を作成する．

【定　量】

試験溶液2 µ*l* を GC-MS または GC-MS/MS に注入し，検量線より各農薬等の含量を求める*[2]．

【測定条件】
　カラム：5％フェニル-メチルシリコン内径 0.25 mm, 長さ 30 m, 膜厚 0.25 μm
　カラム温度：50 ℃（1分）→25 ℃/分→125 ℃（0分）→10 ℃/分→300 ℃（10分）
　注入口温度：250 ℃
　キャリヤーガス：ヘリウム
　イオン化モード（電圧）：EI（70 eV）

【目標定量限界】
　0.01 ppm[*3]

【GC-MS 一斉試験法対象農薬】[*4]
　表 4-9 に示す.

【注意点】
[*1] 濃縮し, 溶媒を完全に除去する操作は, 窒素気流を用いて穏やかに行なう.
[*2] 正確な測定値を得るためには, マトリックス添加標準溶液または標準添加法を用いることが必要な場合がある.
[*3] 定量限界は, 使用する装置, 試験溶液の濃縮倍率および試験溶液注入量により異なるので, 必要に応じて最適条件を検討する.
[*4] 規制対象になっている代謝物等が適用できない場合があるので留意すること.

10.2. LC-MS 一斉試験法（I）

【器　具】
　ホモジナイザー, 液体クロマトグラフ-質量分析計（LC-MS または LC-MS/MS）

【試　薬】
　0.5 M リン酸緩衝液（pH 7.0）

【試験溶液の調製】
　1)～11) は GC-MS 一斉試験法に同じ.
　12) 残留物をメタノールに溶かして, 正確に 4 ml としたものを試験溶液とする.

表 4-9　GC-MS 一斉分析法適用農薬

α-BHC	β-BHC	γ-BHC（リンデン）	δ-BHC
o, p'-DDT	p, p'-DDD	p, p'-DDE	p, p'-DDT
EPN	TCMT B	XMC	アクリナトリン
アザコナゾール	アジンホスメチル	アセタミプリド	アセトクロール
アトラジン	アニロホス	アメトリン	アラクロール
アラマイト	アルドリン	イサゾホス	イソキサジフェンエチル
イソキサチオン	イソフェンホス	イソプロカルブ	イソプロチオラン
イプロベンホス	イマザメタベンズメチルエステル		イミベンコナゾール
ウニコナゾールP	エスプロカルブ	エタルフルラリン	エチオン
エディフェンホス	エトキサゾール	エトフェンプロックス	エトフメセート
エトプロホス	エトリムホス	エポキシコナゾール	エンドリン
α-エンドスルファン	β-エンドスルファン	エンドスルファンスルファート	
オキサジアゾン	オキサジキシル	オキシフルオルフェン	オメトエート
オリザリン	カズサホス	カフェンストロール	カルフェントラゾンエチル
カルボキシン	カルボフラン	カルボフラン（分解物）	キナルホス
キノキシフェン	キノクラミン	キントゼン	クレソキシムメチル
クロゾリネート	クロマゾン	クロルエトキシホス	クロルタールジメチル
cis-クロルデン	trans-クロルデン	クロルピリホス	クロルピリホスメチル
クロルフェナピル	クロルフェンソン	クロルフェンビンホス	クロルブファム
クロルプロファム	クロルベンシド	クロロベンジレート	クロロネブ
シアナジン	シアノホス	ジエトフェンカルブ	ジオキサチオン
ジクロシメット	ジクロトホス	ジクロフェンチオン	ジクロホップメチル
ジクロラン	1, 1-ジクロロ-2, 2-ビス（4-エチルフェニル）エタン		ジコホール
ジコホール分解物（4, 4'-ジクロロベンゾフェノン）		ジスルホトン	ジスルホトンスルホン体
シニドンエチル	シハロトリン	シハロホップブチル	ジフェナミド
ジフェノコナゾール	シフルトリン	ジフルフェニカン	シプロコナゾール
シペルメトリン	シマジン	ジメタメトリン	ジメチルビンホス
ジメテナミド	ジメトエート	シメトリン	ジメピペレート
スピロキサミン	スピロジクロフェン	ゾキサミド	ゾキサミド（分解物）
ターバシル	ダイアジノン	ダイアレート	チオベンカルブ
チオメトン	チフルザミド	ディルドリン	テクナゼン
テトラクロルビンホス	テトラコナゾール	テトラジホン	テニルクロール
テブコナゾール	テブフェンピラド	テフルトリン	デメトン-S-メチル
デルタメトリン	テルブトリン	テルブホス	デルタメトリン
トリアジメノール	トリアジメホン	トリアゾホス	トリアレート
トリシクラゾール	トリデモルフ	トリブホス	トリフルラリン
トリフロキシストロビン	トルクロホスメチル	トルフェンピラド	2-(1-ナフチル)アセタミド

表 4-9（続き）

ナプロパミド	ニトロタールイソプロピル	ノルフルラゾン	パクロブトラゾール
パラチオン	パラチオンメチル	ハルフェンプロックス	ピコリナフェン
ビテルタノール	ビフェノックス	ビフェントリン	ピペロニルブトキシド
ピペロホス	ピラクロホス	ピラゾホス	ピラフルフェンエチル
ピリダフェンチオン	ピリダベン	ピリフェノックス	ピリブチカルブ
ピリプロキシフェン	ピリミノバックメチル	ピリミホスメチル	ピリメタニル
ピロキロン	ピレトリン I	ピレトリン II	ピンクロゾリン
フィプロニル	フェナミホス	フェナリモル	フェニトロチオン
フェノキサニル	フェノチオカルブ	フェノトリン	フェンアミドン
フェンクロルホス	フェンスルホチオン	フェンチオン	フェントエート
フェンバレレート	フェンブコナゾール	フェンプロパトリン	フェンプロピモルフ
フサライド	ブタクロール	ブタミホス	ブピリメート
ブプロフェジン	フラムプロップメチル	フリラゾール	フルアクリピリム
フルキンコナゾール	フルジオキソニル	フルシトリネート	フルチアセットメチル
フルトラニル	フルトリアホール	フルバリネート	フルフェンピルエチル
フルミオキサジン	フルミクロラックペンチル	フルリドン	プレチラクロール
プロシミドン	プロチオホス	プロパクロール	プロパジン
プロパニル	プロパホス	プロパルギット	プロピコナゾール
プロピザミド	プロヒドロジャスモン	プロフェノホス	プロポキスル
ブロマシル	プロメトリン	ブロモブチド	ブロモプロピレート
ブロモホス	ブロモホスエチル	ヘキサコナゾール	ヘキサジノン
ベナラキシル	ベノキサコール	ヘプタクロル	ヘプタクロルエポキシド
ペルメトリン	ペンコナゾール	ペンディメタリン	ベンフルラリン
ベンフレセート	ホサロン	ホスチアゼート	ホスファミドン
ホスメット	ホルモチオン	ホレート	マラチオン
ミクロブタニル	メカルバム	メタラキシル	メフェノキサム
メチダチオン	メトキシクロル	メトプレン	メトミノストロビン
メトラクロール	メビンホス	メフェナセット	メフェンピルジエチル
メプロニル	モノクロトホス	レスメトリン	レナシル

【検量線】

　各農薬等の標準品について，それぞれのアセトニトリル溶液を調製し，それらを混合した後，適切な濃度範囲の各農薬等を含むメタノール溶液を数点調製する．それぞれ 5 μl を LC-MS または LC-MS/MS に注入し，ピーク高法またはピーク面積法で検量線を作成する．

【定　量】
　試験溶液 5 µl を LC-MS または LC-MS/MS に注入し，検量線より各農薬等の含量を求める[*3]．

【測定条件】
　カラム：オクタデシルシリル化シリカゲル（粒径 3〜3.5 µm）内径 2〜2.1 mm，長さ 150 mm
　カラム温度：40 ℃
　イオン化モード：ESI
　移動相：A 液および B 液について表 4-10 の濃度勾配で送液する．
　移動相流量：0.20 ml/分
　A 液：5 mM 酢酸アンモニウム水溶液
　B 液：5 mM 酢酸アンモニウムメタノール溶液

表 4-10　濃度勾配条件

時間（分）	A液（％）	B液（％）
0	85	15
1	60	40
3.5	60	40
6	50	50
8	45	55
17.5	5	95
30	5	95
30	85	15

【目標定量限界】
　0.01 ppm
【LC-MS 一斉試験法（I）対象農薬】
　表 4-11 に示す．
【注意点】
　GC-MS 一斉試験法に同じ．

10.3.　LC-MS 一斉試験法（II）

【器　具】
　ホモジナイザー，液体クロマトグラフ－質量分析計（LC-MS または LC-MS/MS）

【試　薬】
　0.01 M 塩酸

【試験溶液の調製】
　1)〜4) は GC-MS 一斉分析法に同じ．
　5)　抽出液 20 ml を採り，塩化ナトリウム 10 g および 0.01 M 塩酸 20 ml を加え，15 分間振とうする．静置した後，分離した水層を捨てる．
　6)　オクタデシルシリル化シリカゲルミニカラム（1000 mg）にアセトニ

表 4-11　LC-MS 一斉分析法（Ⅰ）適用農薬

アザフェニジン	アザメチホス	アシベンゾラル S メチル	アジンホスメチル
アゾキシストロビン	アニロホス	アベルメクチン B1a	アラマイト
アルジカルブ	アルドキシカルブ	イソキサフルトール	イプロジオン
イプロバリカルブ	イマザリル	イミダクロプリド	インダノファン
インドキサカルブ	エポキシコナゾール	オキサジクロメホン	オキサミル
オキシカルボキシン	オリザリン	カルバリル	カルプロパミド
カルボフラン	キザロホップ-p-テフリル	キザロホップエチル	クミルロン
クロキントセットメキシル	クロチアニジン	クロフェンテジン	クロマフェノジド
クロメプロップ	クロリダゾン	クロロクスロン	シアゾファミド
ジウロン	シクロエート	シクロプロトリン	シフルフェナミド
ジフルベンズロン	シプロジニル	シメコナゾール	ジメチリモール
ジメトモルフ	シラフルオフェン	スピノシン A	スピノシン D
ダイアレート	ダイムロン	チアクロプリド	チアベンダゾール
チアメトキサム	チオジカルブ	テトラクロルビンホス	テブチウロン
テブフェノジド	テフルベンズロン	トラルコキシジム	トリチコナゾール
トリデモルフ	トリフルムロン	ナプロアニリド	ノバルロン
ピラクロストロビン	ピラゾリネート	ピリフタリド	ピリミカーブ
フェノキサプロップエチル	フェノキシカルブ	フェノブカルブ	フェリムゾン
フェンアミドン	フェンピロキシメート	フェンメディファム	ブタフェナシル
フラチオカルブ	フラメトピル	フルフェナセット	フルフェノクスロン
フルリドン	プロパキザホップ	ヘキサフルムロン	ヘキシチアゾクス
ペンシクロン	ベンゾフェナップ	ベンダイオカルブ	ペントキサゾン
ボスカリド	ミルベメクチン A3	ミルベメクチン A4	メソミル
メタベンズチアズロン	メチオカルブ	メトキシフェノジド	メパニピリム
モノリニュロン	ラクトフェン	リニュロン	ルフェヌロン

トリル 10 ml を注入し，流出液は捨てる．

7) このカラムに 5) で得られたアセトニトリル層を注入し，さらに，アセトニトリル 2 ml を注入して，全溶出液を採り，無水硫酸ナトリウムを加えて脱水し，無水硫酸ナトリウムをろ別した後，ろ液を 40 ℃以下で濃縮し，溶媒を除去する．

8) 残留物にアセトン，トリエチルアミンおよび n-ヘキサン（20：0.5：80）混液 2 ml を加えて溶かす[*1]．

9) シリカゲルミニカラム（500 mg）に，メタノール，アセトン各 5 ml を順次注入し，各流出液は捨てる．

10) さらに n-ヘキサン 10 ml を注入し，流出液は捨てる．
11) このカラムに 8) で得られた溶液を注入した後，アセトン，トリエチルアミンおよび n-ヘキサン（20：0.5：80）混液 10 ml を注入し，流出液は捨てる．
12) ついで，アセトンおよびメタノール（1：1）混液 2 ml で 8) で得られた溶液が入っていた容器を洗い，洗液をシリカゲルミニカラムに注入し，さらにアセトンおよびメタノール（1：1）混液 18 ml を注入し，溶出液を 40℃以下で濃縮し，溶媒を除去する．
13) 残留物をメタノールに溶かして，正確に 4 ml としたものを試験溶液とする[*2]．

【検量線】
LC-MS 一斉試験法（I）に同じ
【定　量】
試験溶液 5 µl を LC-MS または LC-MS/MS に注入し，検量線より各農薬等の含量を求める[*3]．
【測定条件】
LC-MS 一斉試験法（I）に同じ
【LC-MS 一斉試験法（II）対象農薬】
表 4-12 に示す．
【注意点】
- [*1] アセトン，トリエチルアミンおよび n-ヘキサン（20：0.5：80）混液に溶けにくい農薬があるため，シリカゲルミニカラムによる精製においては洗浄操作の後，溶出溶媒であるアセトンおよびメタノール（1：1）混液 2 ml でカラムに洗い込む．
- [*2] メタノール溶液中では不安定な農薬等があるため，測定は試験溶液の調製後速やかに行なう．検量線用溶液は用時調製する．常温のオートサンプラーラック中に試験溶液を長時間置かない．
- [*3] マトリックスの影響でイオン化阻害あるいは促進が起き，実際の濃度と異なる測定値が得られる場合がある．そのため，正確な測定値を得るためには，マトリックス添加標準溶液または標準添加法を用いることが必要な場合がある．

表4-12　LC-MS 一斉分析法（II）適用農薬

2,4-D	MCPA	MCPB	アイオキシニル
アシフルオルフェン	アジムスルフロン	イオドスルフロンメチル	イマザキン
イマゾスルフロン	エタメツルフロンメチル	エトキシスルフロン	クロジナホップ酸
クロフェンセット	クロプロップ	クロランスラムメチル	クロリムロンエチル
クロルスルフロン	4-クロロフェノキシ酢酸	シクラニリド	ジクロスラム
シクロスルファムロン	ジクロメジン	ジクロルプロップ	シノスルフロン
ジベレリン	スルフェントラゾン	スルホスルフロン	チジアズロン
チフェンスルフロンメチル	トリアスルフロン	トリクロピル	トリフルスルフロンメチル
トリフロキシスルフロン	トリベヌロンメチル	ナプタラム	1-ナフタレン酢酸
ハロキシホップ	ハロスルフロンメチル	ピラゾスルフロンエチル	フェンヘキサミド
フラザスルフロン	プリミスルフロンメチル	フルアジホップ	フルメツラム
フルロキシピル	プロスルフロン	プロポキシカルバゾンNa塩	ブロモキシニル
フロラスラム	ペノキススラム	ベンスルフロンメチル	ホメサフェン
ホラムスルフロン	ホルクロルフェニュロン	メコプロップ	メソスルフロンメチル
メトスラム	メトスルフロンメチル		

【文　献】

1)「食品に残留する農薬，飼料添加物または動物用医薬品の成分である物質の試験法」（平成17年1月24日付け食安発第0124001号厚生労働省医薬食品局食品安全部長通知）「第2章一斉試験法」．

（中村宗知）

11. ストラバイトの検出方法

　納豆は，製造後放置して古くなると納豆の表面にいわゆるチロシンの結晶といわれる白色の結晶が生じ，そのために納豆の食感が非常に悪くなる．味噌でも同様にきび粒と呼ばれる白色の粒ができるが，それはロイシン，イソロイシン，チロシンなどの数種のアミノ酸の結晶である．一方，ストラバイトは，魚介類の缶詰，塩蔵品，濃縮エキス，魚醤油などによく析出すること[1]が知られていて，それらは白色無定形の堅い結晶であり，純度が高くなると菱柱状を形成する（図4-13）．納豆は熟成するに伴って無機化が進むこと，納豆の結晶もチロシンとストラバイトであることはすでに明らかにされている[2]．納豆の品質管理のうえで納豆菌と原料大豆の特性は重要である．この検出方法は，納豆

図 4-13　培地より採取したストラバイト（バーは 0.5 mm）

菌自体が所持しうるストラバイト産生能を測定する方法である[3,4]．
【器　具】
　500 m*l* 容坂口フラスコ
【試　薬】
　・納豆菌株
　・NBP 培地：牛肉エキス 1.0 %，ファイトン 1.0 %，食塩 0.5 %，pH を 7.0[5]．
　・0.1 M アンモニア水
【方　法】
1) 前培養は 500 m*l* 容坂口フラスコに NBP 培地 100 m*l* を入れ納豆菌を 1 白金耳接種し，30 ℃，16 時間振盪培養（110 往復／分）する．
2) 本培養は NBP 培地 100 m*l* に前培養液を 1.0 m*l* 接種し前培養と同様に行なう．ただし，培養温度は 30 ℃，培養日数は 4 日間，培養量は 100 m*l* を基本とした（納豆菌の至適温度や生育速度が異なるため，場合によっては培養温度および培養日数を検討する必要がある）．また培養終了後の pH を測定する（培養後の pH がアルカリに傾いていると析出頻度が高くなる）．
3) 培養液を 10000×g，10 分間遠心分離する（菌体を除去する）．
4) 上澄み液（上清液）を 4 ℃で 1 週間静置保存する．低温保存後，ストラバイトの結晶粒または粉末が保存容器下部に目視で確認できる（菌株による）．
5) 低温保存液を 5000×g，10 分間遠心分離する．

6) 上澄み液（上清液）を静かに除去し，蒸留水 15 m*l* を加え，5000×g，10 分間遠心分離する．この操作を 3 回繰り返す．

7) 上澄み液（上清液）を静かに除去し，0.1 M アンモニア水 15 m*l* を加え，5000×g，10 分間遠心分離する．この操作を 5 回繰り返す．

8) 上澄み液（上清液）を除去後，沈殿物を減圧下で乾固し結晶を得る（検出量［培養液 100 m*l* あたりの析出量］）を測定することが可能である）．

9) 検出した結晶を同定する場合は，誘導結合プラズマ発光分光分析装置（ICP-AES）で無機元素を測定可能である．結晶は 1 ％塩酸（もしくは硝酸）に溶解し分析する（p. 149 参照）．

【補　足】

劣化納豆のストラバイトを取得する場合は，劣化納豆を蒸留水に懸濁し，菌体と粘質物を除去後，【方法】6)〜8) の操作を実施し取得できる．もしくは，田中らの方法[2] により取得する．

【文　献】

1) 亀崎真夫・堤健彦・赤井伊之一：「日特公」，昭 36-2878，1961．
2) 田中米實・冨安行雄：「栄食誌」26，1973，473-478．
3) 村松芳多子・村岡靖彦・安井明美ら：「食科工誌」44，1997，285-289．
4) Muramatsu, K., Y. Yasui, T. Suzuki et al.：Biocontrol Sci., 5, 2000, pp57-60．
5) 村松芳多子・金井幸子・木村典代ら：「食科工誌」42，1995，575-582．

（村松芳多子）

第5章

機能性成分分析法

1. 粘質物

　納豆の特徴的な粘質物の主体はγ-ポリグルタミン酸（PGA）である．構成するグルタミン酸はD-およびL-体のいずれもが含まれ，D-体が6～8割を占める．粘性の安定には多糖類であるレバンが関わり，いずれも納豆菌によって生成される[1]．

　これらは酸性溶液に溶解し，粘性が低下するため，トリクロロ酢酸などによって納豆中に多量に含まれるタンパク質と分離することができる．PGAは陽イオン界面活性剤であるセチルトリメチルアンモニウムブロミド（CET）と結合し，結合体は高濃度では沈殿し，低濃度ではコロイドを形成する．中性多糖であるレバンはCETと結合しない．

　レバンはスクロース等大豆オリゴ糖からレバンスクラーゼにより生じるフルクトースのポリマーである．レバンは酸性溶液に溶解し，エタノールなど有機溶媒には溶けない．

　フルクトースは，ケトヘキソースに特異的な反応を示すレゾルシン―塩酸法（Roe法）において，強酸性下で加熱する操作により，加水分解処理せずに直接比色定量することができる[2]．

　ここではこれらを利用した両者の定量方法を紹介する．

1.1. PGAの定量（CET法）[2]

【器　具】

　メスフラスコ（50 ml および 100 ml），茶こし

【試　薬】
- 0.1 M セチルトリメチルアンモニウムブロミド/1 M 塩化ナトリウム溶液（CET 溶液）：1 M 塩化ナトリウム溶液 100 ml に，3.6445 g の CET を加えて，マグネット・スターラーで溶解する．
- 2.5 ％トリクロロ酢酸（TCA）溶液
- 1 M 水酸化ナトリウム溶液
- 80 ％（v/v）エタノール

【前処理】
1) 納豆を薬匙でよく攪拌し，200 ml のビーカーに 25 g 精秤する．
2) 75 ml の TCA 溶液を加え，50 ℃ に調製した水浴中で，薬匙を使って攪拌しながら 15 分間粘質物を溶解する．
3) 茶こしをロートに乗せ，抽出液を 100 ml のメスフラスコに洗い込み，豆を除去する．ビーカーと豆を TCA 溶液で洗浄する．
4) 流水中で冷却し，100 ml に定容する．
5) この一部（40 ml 程度）を遠心管に取り，9200×g で 10 分間遠心分離する．
6) 上澄み 25 ml をビーカーに取り，1 M 水酸化ナトリウム溶液を使って，pH 7.0〜7.2 に調製する．
7) 蒸留水で 50ml に定容する．
8) この 5 ml を遠心管に取り，20 ml のエタノールを加えて攪拌し，10 分間放置する．
9) 遠心分離し，沈殿に 20 ml の 80 ％エタノールを加え，スパーテルを使って攪拌し，遠心分離する．この操作を再度繰り返して沈殿を洗浄する．
10) 沈殿に 20 ml の蒸留水を加えて溶解し，50 ml に定容する．これを抽出液とする．
11) 抽出液 1 ml を試験管に取り，4 ml の蒸留水と 1 ml の CET 溶液を加えて混和し，20 分放置した後に，400 nm の吸光度を測定する．併せてブランク 1（試料溶液の代わりに水を用いる）とブランク 2（CET 溶液の代わりに蒸留水を用いる）を測定する．

【計　算】
　　　　γ-ポリグルタミン酸含量（mg/6 ml 反応液）

$$= 400\text{ nm の吸光度} \times 0.125 \times 0.8776$$

納豆中の γ-ポリグルタミン酸含量（mg/100 g）

$$= 400\text{ nm の吸光度} \times 0.125 \times 0.8776 \times \frac{50}{1} \times \frac{50}{5} \times \frac{100}{25} \times \frac{100}{S}$$

$$= 400\text{ nm の吸光度} \times \frac{21940}{S}$$

400nm の吸光度：試料反応液の吸光度－ブランク 1－ブランク 2
0.125：PGA の吸光係数
0.8776：グルタミン酸 → PGA 換算係数
S：試料重量

【備　考】

反応液中 PGA 含量 55 μg まで直線性が得られる．これを超える場合には，反応に用いる試料溶液を減じて測定する．また，高感度分析を必要とする際には塩基性下紫外部領域における測定が有効であり，pH 13（0.02 M 塩化カリウム－水酸化カリウム緩衝液を使用），250 nm による測定では，約 5 倍高い吸光度が得られる．

遠心分離は 4000 rpm でも実施可能．

1.2. レバンの定量[3]

【器　具】

湯浴．

【試　薬】

・レゾルシン―チオ尿素試薬：レゾルシン 0.1 g とチオ尿素 0.25 g を 100 ml の氷酢酸に溶解し，着色瓶に保存する．
・30 %（v/v）塩酸
・フルクトース

【操　作】

1) 試料溶液 2.0 ml（フルクトース 5 ～50 μg）を試験管に取り，レゾルシン―チオ尿素試薬 1.0 ml と 30 %塩酸 7.0 ml を加え，静かに混和し，80 ℃の湯浴を用いて正確に 10 分間保ち，流水中で急冷する．
2) 反応液を 500 nm にて測定する．

【計　算】
　フルクトースを用いて検量線を作成し，0.9 を乗じてレバン含量とする．
【備　考】
　レバン量は納豆試料によって大きく変動し，試料によっては測定範囲を超えるものがあるので，この場合には試料量を 1 ml に減じれば測定可能である．
【文　献】
　1）木内幹・永井利郎・木村啓太郎編著：『納豆の科学』建帛社，2008，43．
　2）菅野彰重・高松晴樹：「食科工」42，1995，878．
　3）福井作蔵：「還元糖の定量法」学会出版センター，1990，82．

(菅野彰重)

2.　イソフラボン

　イソフラボンは抗酸化作用，抗腫瘍作用，弱いエストロゲン作用および血圧上昇抑制作用を有する機能性成分で，納豆等の大豆加工食品に含まれる．イソフラボンは当初，大豆成分の苦味として食品加工の工程で除去されていた．しかし健康志向の時代となりイソフラボンの機能性に注目が集まると，豆乳等大豆加工食品中のイソフラボンを分析し，イソフラボン含量が商品に表示されるようになった[1]．
　イソフラボンは非配糖体のアグリコン（ダイゼイン，グリシテインおよびゲニステイン）と，これらに糖が結合した配糖体に大別される．このうちグリシテインの配糖体グリシチンとそのマロニル化配糖体（マロニルグリシチン）は，大豆の胚軸部のみに存在する[2]ため，丸粒大豆における含有量は無視できるほど少ない．この点は，グリシテインおよびアセチル化配糖体3種類についても同様である[3]．したがって納豆のイソフラボンを分析する際は，全12種類のイソフラボンのうちグリシテイン，グリシチン，マロニルグリシチンおよびアセチル化配糖体3種類の計6種類のイソフラボンを無視してもよい．この他納豆に特有なイソフラボンとして，サクシニル化配糖体（サクシニルダイジン，サクシニルゲニスチン）が存在する[4]．納豆の総イソフラボン含量を求める場合は，サクシニル化配糖体も考慮する必要がある．
【器　具】
　高速液体クロマトグラフ（HPLC，紫外部吸収検出器付き），シリンジフィ

ルター (0.20 μm), 遠心管 (15 ml), 乳鉢, 乳棒

【試　薬】
- 0.1％酢酸含有アセトニトリル
- 0.1％酢酸含有超純水
- 70％ (v/v) エタノール
- イソフラボン標準溶液：ダイジン (D), ゲニスチン (G), ダイゼイン (De), ゲニステイン (Ge) の4種類のイソフラボン標準品を 100 μg/ml となるように70％エタノールに溶かす．マロニルダイジン (MD), マロニルゲニスチン (MG) については, DおよびG所定量 (1.0 μg) のピーク面積および後述の換算係数により含有量を算出することができる．このためマロニル化配糖体については, 100 μg/ml の定量用の標準溶液を調製しなくてもよい．なお納豆中のイソフラボンを分析する際は, 前述6種類のイソフラボンに加えサクシニルダイジン (SD), サクシニルゲニスチン (SG) も考慮する必要がある．ただしサクシニル化配糖体は, 標準品が市販されていない．このため分析で使用するHPLCにおけるサクシニル化配糖体の保持時間を確認するために, サクシニル化配糖体を精製する[4]必要がある．なおサクシニル化配糖体についても, マロニル化配糖体と同様の理由で定量用の標準溶液を調製しなくてもよい．

【方　法】
1) 納豆を乳棒, 乳鉢を用いてよく磨砕し, 15 ml の遠心管に 0.2 g を精秤する．
2) 3 ml の70％エタノールを加え, ガラス棒を用いて納豆をエタノールによく懸濁させる．
3) 懸濁液を撹拌し室温で24時間静置した後, 抽出液を遠心分離 (3500 rpm, 10分, 室温) する．
4) 上清を 0.2 μm のシリンジフィルターに通し, HPLCに供する試験溶液とする．
5) 得られた試験溶液を下記に示す条件で, HPLCに供する．
    - カラム：YMC-Pack ODS-AM AM-303 (ワイエムシィ社)
    - 移動相：A液　0.1％酢酸含有アセトニトリル
    　　　　　B液　0.1％酢酸含有超純水

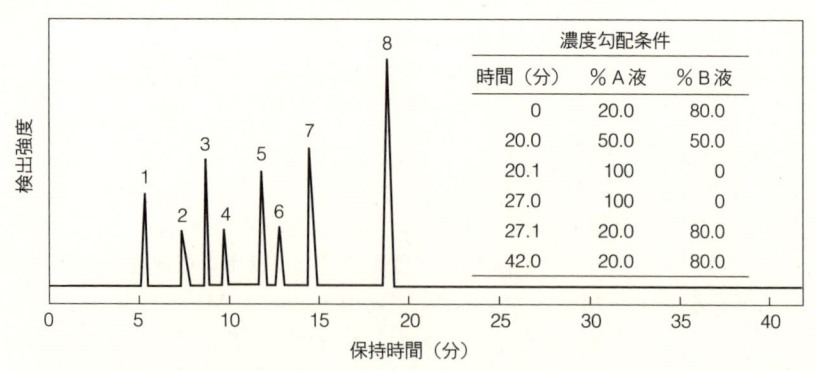

図5-1 各種イソフラボンのHPLCクロマトグラム

濃度勾配条件		
時間（分）	%A液	%B液
0	20.0	80.0
20.0	50.0	50.0
20.1	100	0
27.0	100	0
27.1	20.0	80.0
42.0	20.0	80.0

1：ダイジン（5.236），2：マロニルダイジン（7.477），3：ゲニスチン（8.777），4：サクシニルダイジン（9.803），5：マロニルゲニスチン（11.844），6：サクシニルゲニスチン（12.855），7：ダイゼイン（14.513），8：ゲニステイン（18.819）．（　）内は保持時間（分）．
濃度勾配条件のA液は0.1％酢酸含有アセトニトリル，B液は0.1％酢酸含有超純水．
(出典：文献5).

- A液とB液との濃度勾配の詳細を図5-1[5]に示す．
- 流速：1.0 ml/分
- カラム温度：40℃
- 測定波長：260 nm
- 注入量：標準液　　10 μl
　　　　　分析試料　25 μl

6) 5)の分析条件で標準液および分析試料のクロマトグラムを得る．各種イソフラボンのHPLCクロマトグラムを図5-1に示す．定量分析は，分析試料25 μlの260 nmにおけるピーク面積で定量する．

【計　算】

納豆中のD，G，De，Ge含量（mg/100 g）

$$= 100 \times \frac{10}{1000} \times \frac{A_1}{A_2} \times \frac{3000}{25} \times \frac{100}{S} \times \frac{1}{1000}$$

$$= 12.0 \times \frac{A_1}{A_2} \times \frac{1}{S}$$

A_1：分析試料のクロマトグラムにおけるD，G，De，Geのピーク面積

表5-1 マロニル化配糖体とサクシニル化配糖体の換算係数および分子量

イソフラボン	k_1	分子量	イソフラボン	k_1	分子量
D	1	416	G	1	432
MD	1.21	502	MG	1.20	518
SD	1.24	516	SG	1.23	532

表5-2 各種イソフラボンのアグリコン換算係数および分子量

イソフラボン	k_2	分子量	イソフラボン	k_2	分子量
De	1	254	Ge	1	270
D	0.611	416	G	0.625	432
MD	0.506	502	MG	0.521	518
SD	0.492	516	SG	0.508	532

A_2：標準液のクロマトグラムにおけるD，G，De，Ge 各1.0 μgのピーク面積

S：調製に用いた納豆の重量

納豆中のMD，MG，SD，SG含量（mg/100 g）

$$= 12.0 \times \frac{A_1}{A_2} \times k_1 \times \frac{1}{S}$$

k_1：D，GとMD，MGおよびSD，SGとの分子量比を意味する．この係数を表5-1に示す．

納豆中のD，G，MD，MG，SD，SGのアグリコン換算量（mg/100 g）

$$= 12.0 \times \frac{A_1}{A_2} \times k_1 \times k_2 \times \frac{1}{S}$$

k_2：各種配糖体のアグリコン換算係数（各種配糖体と対応するアグリコンとの分子量比）を意味する．この係数を表5-2に示す．

【備　考】

　納豆中の総イソフラボン含量は，イソフラボン配糖体（D，G），マロニル化配糖体（MD，MG），サクシニル化配糖体（SD，SG）およびアグリコン（De，Ge）の8種類のイソフラボン含量の総和で算出する．総イソフラボン含量のアグリコン換算量についても同様に，各種配糖体のアグリコン換算量の総和で求める．

【文　献】
1) 木内幹・永井利郎・木村啓太郎：『納豆の科学』建帛社，2008，60.
2) 家森幸男・太田静行・渡邊晶：『大豆イソフラボン』幸書房，2001，11-13.
3) 扇谷陽子・相澤博・大谷倫子ら：「札幌市衛研年報」29，2002，83-89.
4) Toda T., T. Uesugi, K. Hirai et al：*Biol. Pharm. Bull.*, 22, 1999, pp1193-1201.
5) 嶋影逸・新保守・山田清繁ら：「日食工誌」53，2006，185-188.

（嶋影　逸）

3. ポリアミン

　ポリアミンは，納豆などの大豆食品，ナッツ，さらにはチーズなどの発酵食品などに多く含まれるアミン類であり，代表的なポリアミンにプトレスシン（プトレシンとも，putrescine），スペルミジン（spermidine），スペルミン（spermine）がある（図5-2）．食事として摂取されたスペルミジンとスペルミンは，腸管内で分解されずにほぼそのままの形で吸収され，体内の細胞に移行する．ポリアミンの生理的機能には，細胞の増殖と分化の他，抗酸化作用や炎症抑制効果があることが知られている[1~3]．

【器　具】

　1.5 ml ポリプロピレンチューブ，ホモジェナイザー，ヒートブロック恒温槽，遠心濃縮機，HPLC（High Performance Liquid Chromatography）システム（Shimadzu LC Prominence シリーズ相当），ODS（octadecyl silane）カラム（資生堂，カプセルパック MG タイプ［粒子径 3 μm，長さ 4.6 mm×35 mm 相当］），HPLC 用 1.5 ml バイアルびん

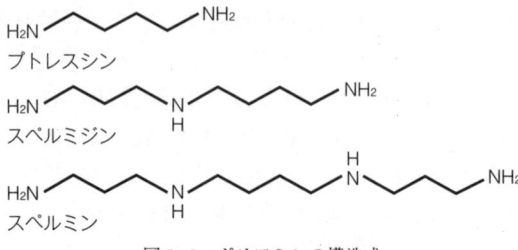

図5-2　ポリアミンの構造式

【試　薬】[4, 5)
　・液体窒素
　・5％トリクロロ酢酸（trichloroacetic acid, TCA）または0.6 M過塩素酸（perchloric acid, PCA）溶液
　・内標準：1,7-ジアミノヘプタン/0.1 M塩酸溶液（200 pmol/50 μl）
　・ポリアミン標準溶液：プトレスシン，スペルミジン，スペルミンの各100, 200, 500, 1000 pmol/50 μlを作成）
　・ダンシルクロライド/アセトン溶液（10 mg/ml）
　・炭酸ナトリウム飽和溶液
　・L-プロリン溶液（100 mg/ml）
　・トルエン
　・移動相：以下の2液を0.45 μm以下のフィルターでろ過し，脱気した後に使用する．
　　　A液：10 mMリン酸アンモニウム（55 %）溶液＋アセトニトリル（45 %），pH 4.4
　　　B液：アセトニトリル100 %

【方　法】[1, 4, 5)
1) 試料（食物であれば1〜1.5 g）に5% TCA溶液または0.6 M PCA溶液5 mlを加え，ホモジェネートする．試料は液体窒素で保存することが可能である．
2) ホモジェネートした試料を，4℃，12000×gで10分間遠心分離する．得られた上清50 μlを測定に用いる．この上清は−20℃で保存することが可能である．
3) 2)の上清50 μlを1.5 mlポリプロピレンチューブに移す．1,7-ジアミノヘプタン/0.1 M塩酸溶液50 μl，炭酸ナトリウム飽和溶液200 μl，ダンシルクロライド/アセトン溶液200 μlを加え，ヒートブロックで70℃，15分間インキュベートする．
4) L-プロリン溶液25 μlを加え，ヒートブロックで70℃，5分間インキュベートする．
5) トルエン500 μlを加え，よく混和した後，上層500 μlを抽出して別の1.5 mlポリプロピレンチューブに移す．
6) 遠心濃縮機を用いて上層を蒸発させる（加熱なし，20分間）．

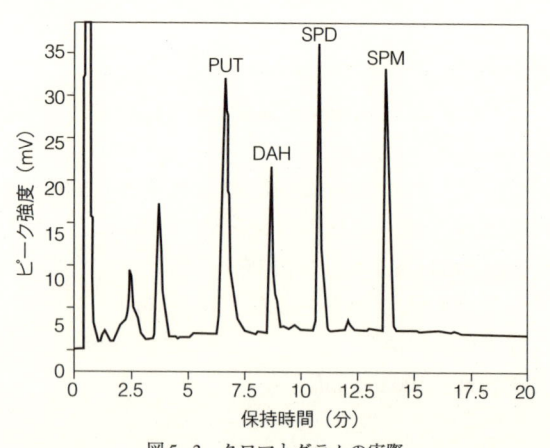

図5-3 クロマトグラムの実際
DAH（1,7-ジアミノヘプタン），PUT（プトレスシン），SPD（スペルミジン），SPM（スペルミン）

7) アセトニトリル800 μl に再溶解し，HPLC用バイアルに移す．
8) HPLCシステムでポリアミン濃度の定量を行なう（図5-3）．設定は以下の通り．
　　逆相HPLC，線形グラジエント
　　注入量：20 μl
　　流速：0.9 ml/分
　　カラムオーブン温度：50℃
　　蛍光検出器：励起波長340 nm，蛍光波長515 nm

【計　算】
1) ポリアミン標準試料より検量線を作成し，試料溶液のポリアミン濃度を求める（クロマトグラム上の面積を用いる）．
2) 標的の試料重量あたりのポリアミン濃度を算出する（単位：nmol/g または ml）．

【文　献】
1) Bardocz S., G.Grant, B.David et al.：*J. Nutr Biochem.*, 4, 1993, pp66-71.
2) Nishibori N., S.Fujihara and T.Akatuki：*Food Chem.*, 100, 2007, pp491-497.
3) Soda K., Y.Kano, T.Nakamura et al.：*J. Immunol.*, 175, 2005, pp237-245.

4) Kabra P.M., H.K.Lee, W.P.Lubich et al. : *J. Chromatogr.*, 380, 1986, pp19-32
5) Vujcic S., M.Halmekyto, P.Diegelman et al. : *J. Biol. Chem.*, 275, 2000, pp38319-38328.

（辻仲眞康・早田邦康）

4. サポニン

　サポニンは，トリテルペンやステロイドに糖が結合した配糖体の総称である．大豆に含まれるサポニンは，そのアグリコン（非糖部）の構造によって4つのグループ（A, B, E, および DDMP [2,3-dihydro-2,5-dihydroxy-6-methyl-4H-pyran-4-one] グループ）に分類される（図5-4）．A グループサポニンは，苦み，収斂味といった大豆の不快味の主原因物質であるとされており[1]，一方，B, E, および DDMP グループサポニンは，様々な生理機能を有する成分であることが数多く報告されている[2]．

【器　具】
　凍結乾燥機，スクリューキャップ付き試験管，高速液体クロマトグラフィー（HPLC），HPLC 用 C18 カラム

【試　薬】
　・70％ (v/v) エタノール
　・アセトニトリル：1-プロパノール：水：酢酸 = 32.3：4.2：63.4：0.1 (v/v)
　・アセトニトリル：水：トリフルオロ酢酸（trifluoroacetic acid, TFA）= 42：38：0.05 (v/v)

【方　法】
　1）納豆を凍結させ，凍結乾燥機を用いて乾燥させる（乾燥重量あたりのサポニン含量を求める場合である．湿重量あたりのサポニン含量を求めるときには凍結乾燥の操作は必要ない）．
　2）乾燥させた納豆を乳鉢で粉砕し，その粉末 1g をスクリューキャップ付き試験管に精秤する．
　3）10 m*l* の 70％エタノールを加え，3 時間，室温で振とうしながら抽出する．
　4）遠心分離（2000×g, 10 分間）を行ない，上澄みを別の試験管に移す．
　5）上澄みを HPLC に供し，以下の条件でサポニンを定量する．

Aグループサポニン

	R1	R2	R3
Soyasaponin Aa	CH_2OH	β-D-glc	H
Soyasaponin Ab	CH_2OH	β-D-glc	CH_2OAc
Soyasaponin Ac	CH_2OH	α-L-rham	CH_2OAc
Soyasaponin Ad	CH_2OH	β-D-glc	CH_2OAc
Soyasaponin Ae	CH_2OH	H	H
Soyasaponin Af	CH_2OH	H	CH_2OAc
Soyasaponin Ag	CH_2OH	H	H
Soyasaponin Ah	CH_2OH	H	CH_2OAc

DDMPグループサポニン

	R1	R2
Soyasaponin αg	CH_2OH	β-D-glc
Soyasaponin αa	H	β-D-glc
Soyasaponin βg	CH_2OH	α-L-rham
Soyasaponin βa	H	α-L-rham
Soyasaponin γg	CH_2OH	H
Soyasaponin γa	H	H

Bグループサポニン

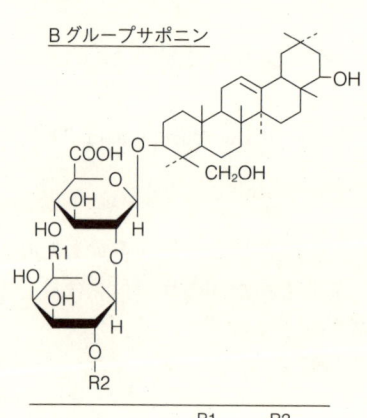

	R1	R2
Soyasaponin Ba	CH_2OH	β-D-glc
Soyasaponin Bb	CH_2OH	α-L-rham
Soyasaponin Bb'	CH_2OH	H
Soyasaponin Bc	H	α-L-rham
Soyasaponin Bc'	H	β-D-glc

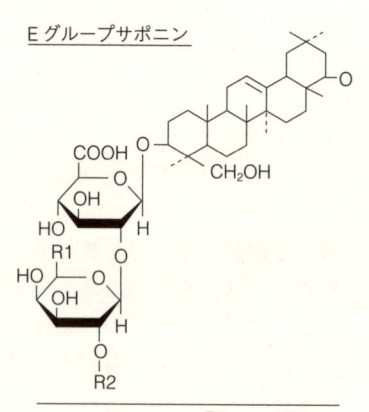

Eグループサポニン

	R1	R2
Soyasaponin Bd	CH_2OH	β-D-glc
Soyasaponin Be	CH_2OH	α-L-rham

図5-4 大豆に含まれるサポニンの種類と構造

(Aグループサポニンの分析条件)[3]
カラム：C18カラム（5 μm 4.6×250 mm）
溶離液：アセトニトリル：1-プロパノール：水：酢酸＝32.3：4.2：63.4：0.1（v/v）
検出波長：205 nm
(BおよびDDMPグループサポニンの分析条件)[4]
カラム：C18カラム（5 μm 4.6×250 mm）
溶離液：アセトニトリル：水：TFA＝42：38：0.05（v/v）
検出波長：205 nm

なお，大豆や納豆等の大豆加工品における各サポニンの定量は，重量法で濃度を決定したサポニン標品溶液を同条件のHPLC分析に供して作成した検量

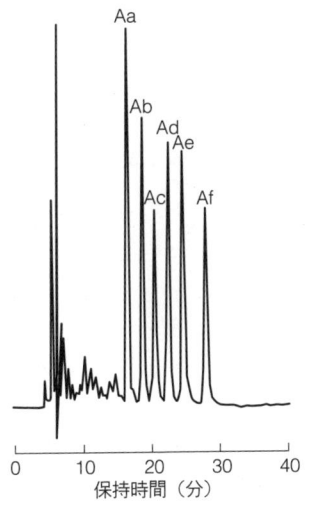

図5-5　AグループサポニンのHPLCパターン

HPLC条件：カラム，YMC PACK R-ODS-5 (5 μm, 4.6 × 250 mm)；移動相，アセトニトリル：1-プロパノール：水：酢酸 = 32.3：4.2：63.4：0.1 (v/v)；流速，0.5 m*l*/分；検出波長，205 nm.

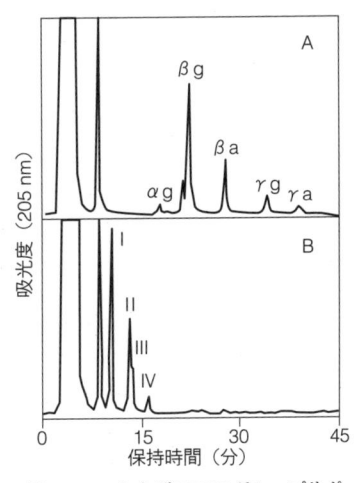

図5-6　BおよびDDMPグループサポニンのHPLCパターン

HPLC条件：カラム，YMC ODS-AM-303 (5 μm, 4.6 × 250 mm)；移動相，アセトニトリル：水：TFA = 42：38：0.05 (v/v)；流速，1.0 m*l*/分；検出波長，205 nm. A, DDMPグループサポニンのHPLCパターン．B, BグループサポニンのHPLCパターン．

線を用いて計算する．

【備　考】
・大豆に含まれるサポニンの種類と構造については，図5-4に示した通りである．
　なお，Eグループサポニンは加熱条件下でサポニン抽出したときDDMPグループサポニンから生成するアーティファクトとされており，大豆や大豆加工品からは検出されない成分である．
・大豆に含まれるA, B, DDMPグループサポニンを前記条件で分析した場合のクロマトグラムは図5-5および図5-6の通りである．なお，図5-6の中のⅠ，Ⅱ，Ⅲ，およびⅣは，それぞれ図5-4のsoyasaponin Bb, Bc, Bb', Bc'に相当する成分である．

【文　献】
1) Okubo,K., M. Iijima, Y. Kobayashi et al.：*Biosci. Biotech.* Biochem., 56, 1992, pp99-103.
2) 白岩雅和（井上國世監修）：『機能性糖質素材の開発と食品への応用』シーエムシー出版, 2005, 295-306.
3) Shiraiwa, M., S. Kudo, M. Shimoyamada et al.：*Agric. Biol. Chem.*, 55, 1991, pp315-322.
4) Kudou, S., M. Tonomura, C. Tsukamoto et al.：*Biosci. Biotech. Biochem.*, 57, 1993, pp546-550.

（白岩雅和）

5.　ミネラル

　食品の働きは，栄養面の「一次機能」，嗜好（感覚）面の「二次機能」，および生体調節面の「三次機能」の3つの機能に分類されており，機能性成分は，「三次機能」である生体調節面に着目したものである．ミネラルは多くが必須元素であり，日本食品標準成分表に収載の無機質（ミネラル）は，栄養成分として従来食品中の一般成分の分析法の中で扱われている．一方で，ミネラルは栄養面だけではなく，生体調節面による疾病の予防や健康の維持・増進の機能も有することから，ここでは機能性成分分析法の中で取り上げることになった．

　ミネラルの分析法は，納豆のように固形の食品であれば，有機物を分解して測定用の試料溶液を調製し，溶液を測定する方法が一般的である．有機物を分解する試料溶液の調製法には，主として湿式分解法（ビーカー等の分解容器を

用いた開放系の湿式分解またはテフロン製密閉式分解容器を用いたマイクロ波湿式分解）と乾式灰化法があり，測定法にも原子吸光法，ICP（Inductively Coupled Plasma, 誘導結合プラズマ）発光分光分析法，ICP 質量分析法と種々の方法がある．以下では，ミネラルへの適用範囲が広い方法として，試料溶液調製法ではマイクロ波湿式分解法を，測定法では ICP 発光分光分析法について記載することとし，備考でそれ以外の方法について触れることとする．

5.1. 試料溶液調製法（テフロン製密閉式分解容器を用いたマイクロ波湿式分解）

【器具および装置】
　電子天秤（0.1 mg まで表示されるもの），マイクロ波分解装置一式（分解容器，装填するブロックまたはローター），マイクロ波分解装置付属の濃縮ユニットまたはホットプレートとテフロン製ヒータブルビーカー，メスフラスコ 100ml 容（ポリプロピレン［PP］製，ポリメチルペンテン［PMP］製等のプラスチック製），溶液保存容器（PP 製などのプラスチック製）

【試　薬】
　・硝酸：約 60 ％の精密分析用，原子吸光分析用など
　・1 ％塩酸（または 1 M 硝酸）：精密分析用，原子吸光分析用などをイオン交換水で希釈

【方　法】
1) 納豆をビニール袋に入れてよくつぶして混ぜ均質にする*1．
2) 分解容器，メスフラスコ等の器具は，あらかじめ酸（例えば 15 ％の塩酸溶液）につけた後，イオン交換水でよく洗浄する．
3) 分解容器を硝酸でさらに洗浄し，ローターごと水冷してからドラフト中で分解容器を開け，洗浄硝酸を捨てる（図 5-7）．
4) 電子天秤で，納豆 1 g を 0.1 mg まで量りとる［W］*2．
5) 硝酸を加え，分解容器をローターに装填し，1 段階目の分解プログラムを行なう（図 5-7）．
6) 水冷後ドラフト中で分解容器を開け，硝酸を加え*3，分解容器をローターに装填し，さらに 2 段階目の分解プログラムを行なう（図 5-7）．
7) 水冷後ドラフト中で分解容器を開け，濃縮ローターに分解容器を装填する．ポンプにより吸引しながら濃縮プログラムを行なう（図 5-7）．

<洗浄プログラム>
硝酸 5 ml

STEP	TIME(分)	POWER(W)	TEMP*(℃)
1	15	500	210

*内部温度設定
↓
<分解プログラム 1 段目>
硝酸 7 ml

STEP	TIME(分)	POWER(W)	TEMP(℃)
1	2	250	180
2	3	0	180
3	5	250	180
4	5	400	180
5	5	500	180
6	15	400	180

↓
<分解プログラム 2 段目>
1 段目に ＋ 硝酸 3 ml

STEP	TIME(分)	POWER(W)	TEMP(℃)
1	5	250	220
4	5	400	220
5	25	500	220
7	15	400	220

↓
<濃縮プログラム>
濃縮の様子を見ながら，下記をくり返し行う．

STEP	TIME(分)	POWER(W)
1	15	500

図 5-7 マイクロ波分解条件と濃縮条件の例
装置：マイルストーンゼネラル製 ETHOS1600 モノブロック高圧分解ローター HPR-1000/6 濃縮ユニット（濃縮ローターおよび付属ポンプ）分解容器装填本数 6 本

あるいは，テフロン製ヒータブルビーカーに分解液を移し，ホットプレートで加熱して濃縮する．

8) 分解液の残量が 0.3 ml 程度になったら，1 ％塩酸（または1 M 硝酸）でロートを乗せたメスフラスコに数回洗いこむ（ロート台を使用）．

9) 1 ％塩酸（または 1 M 硝酸）で 100 ml 定容とし［V］，測定用試料溶液として保存容器に移す．

【備　考】
　マイクロ波湿式分解装置はドラフトのある部屋に設置し，分解容器の開閉等はドラフト内で行なう．

*1　試料を代表する分析値を得るためには，試料をしっかりと均質にしてから適量を量り取る必要がある．日本食品標準成分表では，粒みそに準じて 3 mm 目のチョッパーを 3 回通して均質化している[1])．

*2　テフロン製密閉分解容器を使用したマイクロ波湿式分解で，分解に使用できる量は乾物で通常 0.5 g 以下である．納豆の水分は約 60 ％であることから，1 g を使用する．

*3　大豆製品は脂質が多く，湿式分解が進みにくいため，2 段階で分解を行なっている．

他の試料溶液調製法

　ビーカー等の分解容器を用いた開放系の湿式分解[1)]では，大豆は脂質が多いため，硝酸のみでは分解が進みにくく，過塩素酸あるいは過酸化水素と組み合わせて使用する．また，通常はテフロン製密閉分解容器を使用したマイクロ波

湿式分解より多くの試料量を用いて分解するが，その分，酸も分解時間も多く必要である．なお，分解容器にホウケイ酸ガラス製のコニカルビーカーやケルダールフラスコを使用することもあるが，ガラス製品を用いるとナトリウムが混入するため，ナトリウムの分析には使用できない．テフロン製のヒータブルビーカー等を使用する．

乾式灰化法[1]では，脂質の分解も容易で試料量も増やせるが，元素によっては揮散するおそれがある．また，同様にガラス器具やろ紙を使用するとナトリウムの分析には使用できない．

5.2. 測定法（ICP発光分光分析法）

【器具および装置】
　ICP発光分光分析装置

【試　薬】
　市販の原子吸光分析用標準原液またはICP発光分析用の混合標準原液を，測定用試料溶液調製に用いたものと同じ1％塩酸（または1M硝酸）で適宜希釈し，検量線用の標準溶液を調製する．

【方　法】
　発光強度を測定し，あらかじめ作成した検量線から試料溶液中の濃度［A］を求める．測定に用いる発光線はそれぞれ，カルシウム（393.366 nm, 315.877 nm），鉄（238.204 nm, 259.940 nm），リン（213.618 nm），マグネシウム（279.553 nm, 285.213 nm），ナトリウム（588.995 nm, 589.592 nm），カリウム（766.491 nm），銅（324.754 nm, 327.395 nm），マンガン（257.610 nm），亜鉛（213.856 nm）等がよく使用される．元素ごとに測定に使用できる発光線が通常は複数あるので，共存元素の発光線が付近にない波長や，目的元素が直線性のある検量線の範囲で測定できる波長を選択する．

【計　算】

$$各ミネラル含量 (mg/kg) = \frac{A}{W} \times V$$

　　W：試料の重量（g）
　　A：検量線から求めた試料溶液中の各ミネラル濃度（mg/l）
　　V：試料溶液量（ml）

【備考】
 ⅰ）原子吸光法・ICP 質量分析法・吸収光度法など
　原子吸光法[1]では，原子吸光光度計とそれぞれの元素用の中空陰極ランプを用意し，1 元素ずつ測定する．通常，アセチレン-空気フレームが用いられる．微量な銅の測定では，調製した試料溶液をキレート溶媒抽出による濃縮も行なわれる．原子吸光法では，リンの測定は困難であり，またカルシウムの測定ではストロンチウム添加が必要となる．

　微量にしか含まれないために定量下限となり，ICP 発光分光分析法による測定が困難な元素では，ICP 質量分析法[2]による測定が行なわれることも多い．ICP 質量分析法では，インジウムやイットリウムなどの内標準元素を用いることが一般的である．また，食品分析では一般に試料溶液を塩酸溶液で調製するが，ICP 質量分析法においては，元素によって塩素に起因する多原子分子イオンが正の誤差を与えることがあるので，硝酸溶液で測定用試料溶液を調製することが推奨される．

　なお，カルシウムでは過マンガン酸カリウム容量法，リンではバナドモリブデン酸吸光光度法，鉄では1,10-フェナントロリン吸光光度法が選択されることもある[1]．

 ⅱ）認証標準物質
　ミネラルについては，すでに米や茶葉などの農産物において，認証値が決められている認証標準物質（Certified Reference Material, CRM）が開発されている．これを利用し，認証標準物質を分析した結果を決められている認証値と比較することによって，試料溶液調製法から測定法までを含めた分析方法の妥当性を確認することができる．ミネラルは微量であるうえ，分析操作中に使用している器具や外部からの汚染，また測定において干渉も起こることから，分析方法の妥当性を確認することが重要である．納豆の原料である大豆においては，まだ認証標準物質は手に入らないため，測定目的の成分の添加回収試験などから分析方法の妥当性を確認することになる．

　なお，（独）産業技術総合研究所計量標準総合センターでは，微量元素分析用大豆粉末の認証標準物質を開発中であり，2011 年度に頒布が予定されている．

【文献】
 1) 安本教傳・安井明美・竹内昌昭ら編：『五訂増補日本食品標準成分表分析マニュアル』建帛

社,2006.
2) 法邑雄司・鈴木忠直・小坂英樹ら:「食科工」53, 2006, 619-626.

(進藤久美子)

6. 脂肪酸

　脂肪酸は,炭素鎖長,二重結合の有無,二重結合の数と位置の違いなどにより多種存在する．脂肪酸の大部分はグリセリンにエステル結合したトリグリセリドの形で存在し,生体内においてはエネルギー源および必須栄養素としてのみならず,様々な機能性をもつ成分があることも知られている．分析する試料や存在する脂肪酸の種類により,それぞれに適した分析法があるが,ここでは大豆および納豆などに適した分析法を紹介する．

【器　具】
　ガスクロマトグラフ(水素炎イオン化検出器),ホットプレート,ロータリーエバポレーター,オイルバスまたはアルミブロックヒーター,共栓付き三角フラスコ,冷却管,分液ロート,ナス型フラスコ,スクリューキャップ(テフロンをコーティングしたもの)付き試験管(12 ml)

【試　薬】
- ヘプタデカン酸(17:0):純度98％以上のもの
- 1 M 水酸化カリウム―エタノール溶液(ただし,エタノールには水5％を含む).
- ピロガロール
- 30％(w/v)硫酸
- 硫酸ナトリウム(無水)
- 0.5 M 水酸化ナトリウム―メタノール溶液
- 三フッ化ホウ素―メタノール試薬(濃度約14％):ガスクロマトグラフ用
- 飽和塩化ナトリウム溶液

【方　法】
　i)けん化
　　1) 共栓付き三角フラスコに均質化した試料0.5～5 g(脂肪酸として20～200 mg)を精密に量り,内標準としてヘプタデカン酸5～40 mgを精

密に加える．
2) 1 M 水酸化カリウム―エタノール溶液 50 ml およびピロガロール 0.5 g を加え，冷却器を付しホットプレート上で穏やかに 30 分間加熱けん化する．
3) 室温まで冷やし分液ロートに水 150 ml で移す．
4) 30 %（w/v）硫酸を加え，pH を約 2 としてジエチルエーテル–ヘキサン（1：1 v/v）100 ml および 50 ml で 2 回振とう抽出する．
5) 抽出液を合わせ水 40 ml で 4 回洗浄した後，硫酸ナトリウム（無水）を加える．
6) ろ過により硫酸ナトリウムを除く．
7) ろ液をナス型フラスコに集め，溶媒をロータリーエバポレーターで留去（40 ℃以下）する．

ii）メチルエステル化
1) i）の 7) で得られた脂質約 30 mg（最大 100 mg）を精密に量りスクリューキャップ付き試験管にとる．
2) 0.5 M 水酸化ナトリウム–メタノール溶液 1.5 ml を加え，容器内を窒素で置換した後キャップを締め混合してから 100 ℃で 7 分間加熱する．
3) 冷却し，三フッ化ホウ素―メタノール試薬 2 ml を加える．
4) 容器内を窒素で置換した後キャップを締め混合してから 100 ℃で 5 分間加熱する．
5) 30〜40 ℃まで放冷し，ヘキサン 1 ml を加え容器内を窒素で置換した後 30 秒間激しく振とうする．
6) 飽和塩化ナトリウム溶液 5 ml を加え容器内を窒素で置換し，よく振り混ぜる．
7) ヘキサン層が分離したら別の試験管に移す．
8) 下層に更にヘキサン 1 ml を加え振とう抽出する．抽出液を合わせた後，ヘキサンで定容とし試験溶液とする．

iii）ガスクロマトグラフ分析
ii）で調製した試験溶液を，ガスクロマトグラフに 0.5〜1 μl 注入し，データ処理装置を用いてピーク面積を測定する．
　　　・ガスクロマトグラフ操作条件例

カラム：フューズドシリカキャピラリーにシアノプロピル系またはポリエチレングリコール 20 M などの液相を結合させたもの（以下に，J & W DB-23 0.25 mm × 30 m, df. 0.25 μm を用いたときの操作例を示す）．

注入口および検出器温度：250 ℃

カラム温度：50 ℃（1 分保持）→ 10 ℃/分（昇温）→ 170 ℃（1 分保持）→ 1.2 ℃/分（昇温）→ 210 ℃

ガス流量：キャリアガス：1.5～2.0 ml/分

注入モード：スプリットレス

本条件を用いたときのガスクロマトグラフの例（図 5-8）を示す．

【計　算】

既知濃度を注入したヘプタデカン酸メチルエステルのピーク面積を基準として，それぞれの脂肪酸のピーク面積から以下の式に従い濃度を算出する．

各脂肪酸メチルエステルのヘプタデカン酸メチルエステルに対する感度補正係数は標準品を用いてあらかじめ測定しておく．ガスクロマトグラフ操作条件が適切ならば，各脂肪酸メチルエステルの感度補正係数は 1 に近い値となる．

$$脂肪酸 (g/100g) = \frac{(A \times C \times F)}{(B \times W)} \times 0.1$$

A：被定量脂肪酸メチルエステルの面積

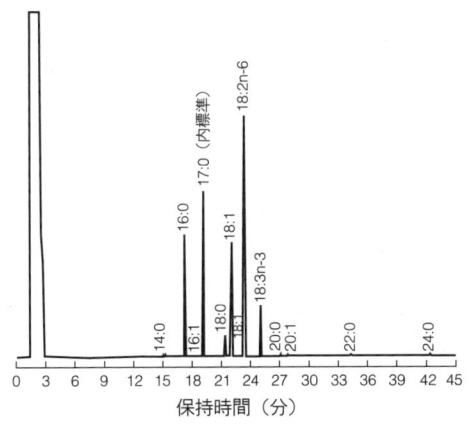

図 5-8　納豆のガスクロマトグラフ例

B：ヘプタデカン酸メチルエステルの面積
C：ヘプタデカン酸の添加量（mg）
F：感度補正係数
W：試料採取量（g）

【備　考】
各脂肪酸の含有量を算出する場合には，上記の計算式に従う．
脂肪酸組成を算出する場合には，内標準であるヘプタデカン酸を添加せずに試験を実施する．得られたクロマトグラム上で同定された各脂肪酸メチルエステルのピーク面積を合計し，個々の脂肪酸メチルエステルのピーク面積をその合計値で除すことにより算出する．

(後藤浩文)

7．ビタミンK

納豆には種々のビタミンが含まれるが，その中で納豆に特徴的なものはメナキノン-7（ビタミンK_2）である．ここではメナキノン-7について述べ，他のビタミンの分析法については参考文献[1]を参照されたい．メナキノン-7はビタミンKの一種であり，納豆中におよそ1mg/100g前後含まれる．ビタミンKは血液の凝固や骨形成を促進するビタミンで植物由来のフィロキノン（ビタミンK_1）と微生物由来のメナキノン類（ビタミンK_2）がある（図5-9）．メナキノン類は微生物の種類により，産生する種類（ポリイソプレニル基の長さ n =4〜14）が異なり[2]，納豆菌は主にメナキノン-7を産生する．

【器　具】
高速液体クロマトグラフ（HPLC，蛍光検出器つき），ミキサー，乳鉢，海砂，100 ml 容褐色メスフラスコ，ブフナー型ガラスフィルター（細孔径 100 μm 前後），褐色遠心管，褐色ナス型フラスコ，ロータリーエバポレーター，固相抽出カラム（Sep-Pak® Plus Silica Cartridge Waters）

【試　薬】
・メナキノン-7標準品：高速液体クロマトグラフ用，和光純薬工業株式会社

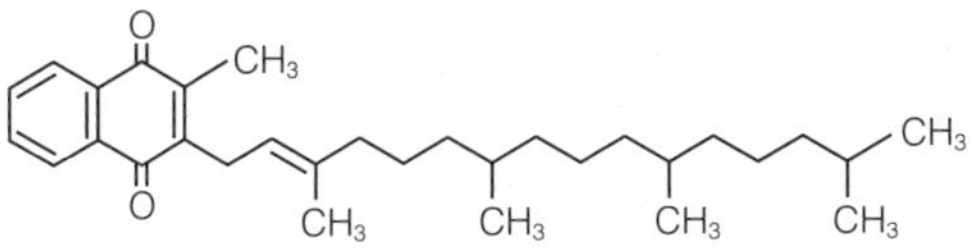

フィロキノン（ビタミンK_1）

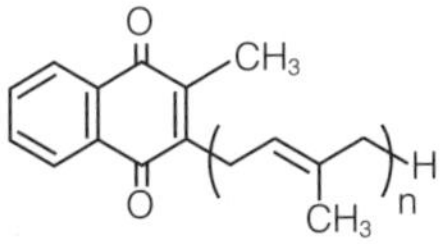

メナキノン類（ビタミンK_2）

図5-9　ビタミンKの構造

【方　法】[*1]

i) 納豆の前処理[*2]
1) 納豆をよく撹拌し，その約30gをミキサーの容器に精秤する．
2) 水約30gを精密に加え，ミキサーでホモジナイズし，均質な試料を調製する．

ii) 抽出，精製
1) 均質な試料1〜2gを乳鉢に精秤し，海砂を適量およびメタノール20 mlを加え磨砕抽出する．ガラスフィルターでろ過し，ろ液を100 ml容褐色メスフラスコに捕集する．ガラスフィルター上の残渣を乳鉢に戻し，メタノール20 mlを加え，同様に磨砕抽出し，ガラスフィルターでろ過する．ろ液を先のろ液に合わせ，さらにもう一度同様に磨砕抽出し，ろ液を合わせ，メタノールで100 mlに定容する．
2) 抽出液10 mlを共栓付褐色遠心管に採取し，エタノール10 ml，1％塩化ナトリウム溶液22.5 mlおよびn-ヘキサン-酢酸エチル混液（9：1 v/v）15 mlを加え，5分間振とうする．
3) 遠心分離（1500 rpm, 5分間）し，上層液を褐色ナス型フラスコに分取する．
4) 下層にn-ヘキサン-酢酸エチル混液（9：1 v/v）15 mlを加え，同様に振とう，遠心分離後，上層液を分取し，3) の上層液に合わせ，さらにもう一度同様に繰り返す．
5) 得られた上層液全量を，ロータリーエバポレーターで溶媒を留去後，

残渣に n-ヘキサン 5 ml を加え溶解する.
6) 固相抽出カラムにあらかじめ,n-ヘキサン-ジエチルエーテル混液(85:15) 20 ml を通して洗浄後,次に n-ヘキサン 20 ml を通してコンディショニングを行なう.
7) 6)の固相抽出カラムに5)のヘキサン溶液全量を流し込み,カラムを通した後,さらに容器にヘキサン 5 ml を加え容器内面を洗浄し,全量をカラムに通す.カラム通過液は捨てる.
8) ヘキサン-ジエチルエーテル (85:15) 10 ml を固相抽出カラムに通し,溶出液を褐色ナス型フラスコに捕集する.
9) 溶出液の溶媒をロータリーエバポレーターで留去し,メナキノン-7濃度が約 10〜500 ng/ml となるように残渣に一定量のエタノールを正確に加え,溶解させ試験溶液とする.

iii) 標準溶液の調製
1) メナキノン-7 標準品 10 mg を 100 ml 容褐色メスフラスコに精密に量り取り,エタノールに溶解させ,100 ml に定容し,標準原液とする.
2) 標準原液をエタノールでメナキノン-7 濃度がそれぞれ約 10,50,250,500 ng/ml となるように希釈し,標準溶液とする.

iv) HPLC 分析
試験溶液およびメナキノン-7 標準溶液を以下の条件の HPLC で測定する(図 5-10).

・HPLC 操作条件例[*3]
カラム:L-Column ODS,内径 4.6 mm×長さ 250 mm(化学物質評

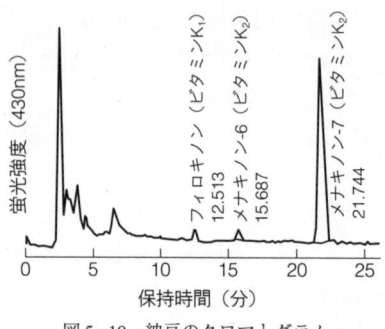

図 5-10 納豆のクロマトグラム

価研究機構）
移動相：メタノール－エタノール（7：3 v/v）*4
流　量：1.0 ml／分
カラム温度：40 ℃
還元カラム：触媒カラム RC-10，内径 4.0 mm×15 mm（リックス社）
蛍光励起波長：320 nm
蛍光測定波長：430 nm

【計　算】

$$\text{メナキノン-7 含量 }(\mu g/100g) = C \times V \times \frac{100}{10} \times \frac{100}{1000 \times W}$$

　C：検量線から求めた試験溶液中のメナキノン-7 濃度（ng/ml）
　V：定容量（ml）
　W：試料採取量（g）

ただし，納豆を加水して試料を調製した場合は元の納豆あたりに換算する．
なお，ビタミンKとして評価する場合は，メナキノン-7 含量に 444.7/649.0 を乗じてメナキノン-4 あたりに換算する必要がある[3]．

【注意点】
*1　ビタミンKは光に不安定な物質であるため，試験操作は遮光して行なうか，褐色のガラス器具を使用する必要がある．
*2　メナキノン-7 は主に納豆の粘質物中に存在している．納豆をそのままミキサーでホモジナイズすると，粘質物が偏在する恐れがあるので，加水してからホモジナイズし，均質化するとよい．
*3　本 HPLC 条件では，分析カラムでビタミンKを分離させた後，還元カラムを通過させて接触還元させ，ビタミンKをハイドロキノン型とすることで，選択性の高い蛍光測定を可能にしている．還元法としては他に電気化学的に還元する方法や還元試薬をオンラインで混合する方法がある．
*4　還元カラムが劣化するため，水を含む移動相は使用できない．

【文　献】
1) 財団法人日本食品分析センター編集：『分析実務者が解説　栄養表示のための成分分析のポイント』，中央法規出版，2007，160-243．
2) Collins, M.D. and D. Jones：*Microbiol. Rev.*, 45 (2), 1981, pp316-354．

3) 厚生労働省策定:『日本人の食事摂取基準 [2010年版]』第一出版, 2009, 133-136.

(菱山　隆・小高　要)

8. ナットウキナーゼ

　ナットウキナーゼとは *Bacillus subtilis natto*（納豆菌）がもつ線溶（血栓溶解）酵素である[1]．その分子構造はすでに決まっており275残基が一本鎖でつながったポリペプチド構造である（分子量27724, pI 8.7）[2,3]．ナットウキナーゼの強力なフィブリン分解能を利用しようと多くの企業，少なくとも20社のナットウキナーゼ商品（ソフトカプセル，錠剤）が出ている．また，力価検定にはフィブリン平板法（図5-11），CLT法，FU法など幾つかの方法があるが，いずれも種々の間違いをおかしやすい[4]．重要なことは線溶酵素の基質フィブリンは水に溶けにくいため，Km, $Kcat$値などを正確には測れないことである．
　以下，ナットウキナーゼに特異的な合成基質を用いた力価検定法を示す．

【試　薬】
・BSB：0.17M ホウ酸緩衝液-生理食塩水（pH7.8）
・4-ニトロアニリン（*p*NA）
・アミド合成基質：Bz-Ile-Glu-(OR)-Gly-Arg-*p*NA（Ⅰ, 積水メディカル）, Suc-Ala-Ala-Pro-Phe-*p*NA（Ⅱ, Sigma）等．合成基質は$5×10^{-3}$Mになるようにジメチルスルホキシド（DMSO）に溶解し，凍結保存する．

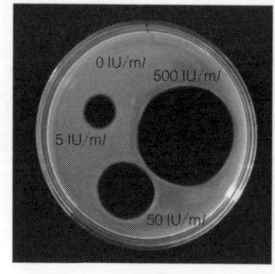

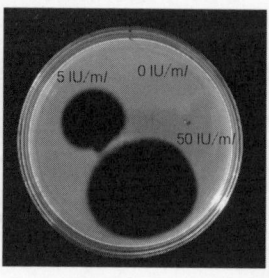

図5-11　フィブリン平板による血栓溶解能

　ナットウキナーゼを0.1 mg/m*l* BSBに溶解させ，その30 μ*l*をフィブリン平板に置き，37℃，4時間および18時間後の溶解面積を比較．

【方 法】
1) 遊離する pNA の濃度を決定するため，pNA を溶液（DMSO：BSB＝1：9）で任意に希釈し，405 nm の吸光度を測定する．得られた結果から検量線を作成し，pNA 1 μmol/ml の吸光度（AN）を算出する．
2) 酵素液は精製水で適宜希釈する．
3) 基質溶液 100 μl と BSB 800 μl を石英セル内でよく混合し，37 ℃，2 分間予備加温した後に吸光度計にセットする．
4) 酵素液 100 μl を加えピペットでよく混合してすぐに吸光度測定を開始する．吸光度測定対照として，DMSO 100 μl，BSB 800 μl および精製水 100 μl を混合したものを用いる．
5) 405nm の吸光度を 250 秒間測定し，直線的に吸光度が上昇する時間帯について，1 分間あたりの吸光度の変化率（dA）を算出する．

【計 算】
　本法は，フィブリンに比べ性状が安定している合成ペプチドを基質としてナットウキナーゼを作用させた時に遊離する pNA の濃度を 405 nm の吸光度により測定することで，合成基質に対する分解活性を定量化するものである．本法のとおりに測定を行ない，1 分間に 1 μmol の pNA が生成する酵素活性を 1 国際単位（IU）とした．

ⅰ）ナットウキナーゼ力価
アミド合成基質Ⅰを分解したときの活性で規定する．

$$力価（IU/g）= \frac{dA}{AN} \times D$$

ただし dA：アミド合成基質Ⅰのときの 1 分間あたりの 405 nm の吸光度増加量
　　AN：pNA1 μmol/ml の吸光度
　　D：石英セル内のナットウキナーゼの希釈率

【備 考】
　11 種類のアミド合成基質を用いナットウキナーゼ（標準品）による分解能を調べた．最もよく反応したのは合成基質Ⅰ Bz-Ile-Glu-(OR)-Gly-Arg-pNA であった（図 5-12）．次に合成基質Ⅱ〜Ⅴの順であった．この傾向は多くの市販納豆でも見られ，例えば宮城野，高橋，成瀬を用いた場合もすべて同様であった．ただし，基質特異性は *Bacillus subtilis*（枯草菌）ではまったく異

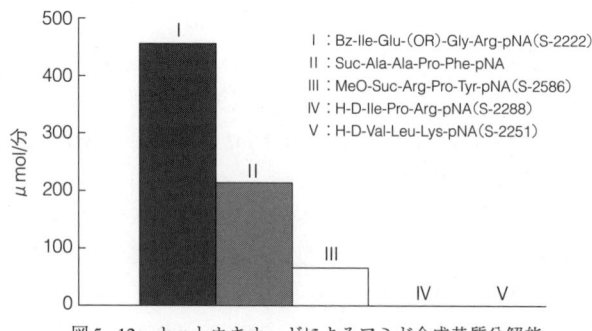

```
500 ┤  I
           Ⅰ：Bz-Ile-Glu-(OR)-Gly-Arg-pNA(S-2222)
400         Ⅱ：Suc-Ala-Ala-Pro-Phe-pNA
            Ⅲ：MeO-Suc-Arg-Pro-Tyr-pNA(S-2586)
            Ⅳ：H-D-Ile-Pro-Arg-pNA(S-2288)
300         Ⅴ：H-D-Val-Leu-Lys-pNA(S-2251)
      Ⅱ
200
100         Ⅲ
                   Ⅳ   Ⅴ
  0
```

図5-12　ナットウキナーゼによるアミド合成基質分解能

なり，この合成基質Ⅰに対しては働かないか，または非常に低かった．

また，ナットウキナーゼは実はキニン形成酵素でもあることがわかってきた．キニノーゲンに働きブラジキニンを遊離するからである．ナットウキナーゼには強いフィブリン溶解活性と共に，降圧，循環改善効果といった面で，今後大いに利用される可能性があるものと思われる．

【文　献】

1) Sumi, H., H. Hamada, H. Tsushima et al.：*Experientia*, 43, 1987, pp1110-1111.
2) Sumi, H. and C. Yatagai, *Soy in Health and Disease Prevention*, Taylor & Francis, 2005, pp251-278.
3) Sumi, H., H. Hamada, H. Nakanishi et al.：*Acta. Haematol.*, 84, 1990, pp139-143.
4) 政田正弘：「Food Style21」8，2004，92-95.

（須見洋行）

9.　血液凝固—線溶活性

　血液凝固系は，血管損傷時に始動する止血反応として重要な生体の防御反応であり，また，線溶系は損傷部位修復後の血液の流動性を保つ上で重要な反応であるが，これらの反応には血小板，血液凝固因子，線溶因子，および血管（内皮）の細胞の四者が共同して関与している[1]．

　さて，納豆はワルファリン（商品名：ワーファリン）を投与している患者にとっては禁忌となっている．含まれるビタミンK_2が患者にとっては危険なのである．一方，納豆はナットウキナーゼという強い線溶系酵素をもつ．さらに，最近は Fibrinolysis Accelating Substance（FAS）[2]，あるいは抗菌物質の一種

であるジピコリン酸（DPA）[3] 等が線溶関連物質としてあげられる．

【器　具】
　トロンボエラストグラフィー装置（Hellige 社，Erma 社等），フラットシャーレ（直径 90 mm）

【試　薬】
　・3.2％クエン酸ナトリウム溶液
　・PT（Prothrombin Time）試薬：組織トロンボプラスチン—カルシウム混液（シスメックス，オーソ，ロシュ）
　・トロンボテスト試薬：ウシ脳トロンボプラスチン，吸着ウシ血漿（三光純薬，三共）
　・1.29％塩化カルシウム溶液
　・フィブリノーゲン：Sigma, Type Ⅰ
　・BSB：0.17 M ホウ酸緩衝液—生理食塩水，pH 7.8
　・50 U/ml トロンビン（生理食塩水）

【方　法】
　ⅰ）採血
　1）静脈血 9 容に対して抗凝固剤として 3.2％クエン酸ナトリウム 1 容をよく混和する．
　2）血漿を用いる場合は 3000 rpm，5～10 分間遠心分離を行なう．

　ⅱ）プロトロンビン時間[4]
　血漿に十分量の PT 試薬を加えることにより，外傷時の外因系凝固反応を試験管内で再現しようとする検査である．
　1）小試験管に PT 試薬 0.2 ml を入れ，2～3 分間 37℃で加温し，血漿 0.1 ml を加えると同時にストップウォッチを始動させ軽く混和する．
　2）5～8 秒静置後，弧を描くように試験管を傾斜させ混液の流動性を観察する．
　3）混液の流動性が変わり，フィブリン塊が観察されるまでの時間を計測する
　4）対照正常血漿は少なくとも 4 人の健常成人男子から得たものを混合する．

　ⅲ）トロンボテスト値[4]
　プロトロンビン時間に似た検査であるが，経口抗凝固薬療法をコントロール

する指標に用いられる[1]．
1) 小試験管にトロンボテスト試薬 0.25 ml をとり，37℃，3~30分間加温し，血液 0.05 ml を加えると同時にストップウォッチを始動させ軽く混和する．
2) 30秒後から3秒に1回の割合で試験管を傾け，凝固するまでの時間を測定する．

基準値は 70~130% であり，付属の検量線より判定する．抗凝固剤療法の際の至適値は 10~20% とされている．

iv) トロンボエラストグラフィー（thrombelastography, TEG）[4]

血小板機能から凝固―線維素系の働きまでを，TEG 装置を用いて総合的にパターン化するものである．
1) 血漿 0.25 ml に 1.29% 塩化カルシウム溶液 0.1 ml を加えたものを回転運動するセルに入れ，その中にピンを挿入し測定を開始する．
2) 凝固の進行に伴う粘弾性の増加によるピンの回転を直接的に記録する．
3) 描かれるパターンから線溶の強さ，および性質を読み取る（図5-13）．

v) フィブリン平板[1]

一般には Astrup & Müllertz 法が用いられている．
1) フィブリノーゲンを BSB に溶解させ，0.5% 溶液を作製する．
2) フラットシャーレにフィブリノーゲン溶液を 10 ml とる．
3) シャーレを斜めにして 50 U/ml トロンビン溶液を 0.5 ml 添加，素早く混和後静置しフィブリン平板を作製する．
4) フィブリン平板に試料（納豆抽出液等）30 μl をのせる．
5) 37℃で4，および18時間インキュベーション後に生じる溶解窓の面積を測定する（例：図5-11）．

【備　考】

市販の納豆には抗菌剤でもあるジピコリン酸（DPA）を最高 20mg/100g（湿重量）程度含むと考えられる．図5-13 はジピコリン酸投与後のラット血液のトロンボエラストグラフィーのパターンである[3]．DPA によって徐々にしりすぼみの形，すなわち線溶活性が高まっていることを示す．

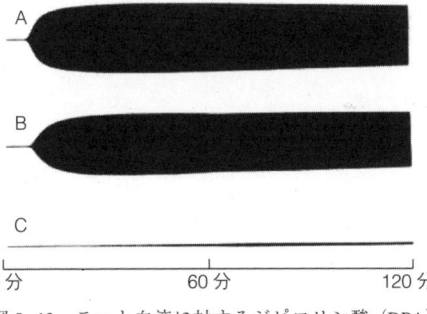

図5-13　ラット血液に対するジピコリン酸（DPA）投与後のトロンボエラストグラフィー・パターン
A：対照，B：2.5 mM DPA，C：5.0 mM DPA（出典：Ohsugi, T. et al.：*Food Sci. Technol. Res.*, 11, 2005, 308-310）．

【文　献】

1) 須見洋行：「食品加工技術」20, 2000, 8-14.
2) 須見洋行・佐々木智広・矢田貝智恵子ら：「日本農化誌」74, 2000, 1259-1264.
3) Ohsugi, T., S. Ikeda and H. Sumi：*Food Sci. Technol. Res.*, 11, 2005, pp308-310.
4) 金井泉：『臨床検査法提要31版』金原出版，1998.

（須見洋行）

10.　大豆アレルゲン

　大豆に含まれる Gly m Bd 30 K（以下，GM30K と略す）は oil body-associated-protein であり，大豆アレルギー患者の約 2/3 が反応する大豆の主要アレルゲンである[1,2]．徳島大学食品学講座（当時）の辻・小川らは，精製した GM30K を BALB/c マウスに投与することにより，2種類のモノクローナル抗体の作製に成功し，GM30K定量サンドイッチ ELISA（enzyme-linked immunosorbent assay）を開発した．これを用いて，種々の大豆製品に含まれる GM30K 量を定量したところ，豆腐や油揚げの中には明らかに GM30K の存在が確認され，これらの抗体が食品中の GM30K 検出プローブとして有用であることが明らかとなった[3]．一方，このサンドイッチ ELISA において，納豆には GM30K が検出されないことが判明した．このことから，アレルゲン性低減化大豆食品として

の位置づけで，納豆に注目することになった．
　一般的に，アレルゲン性低減化食品の開発に至るまでには，以下のような手順が考えられる．
　　Ⅰ　当該食品中のアレルゲン分子を明らかにする．
　　Ⅱ　アレルゲン分子を精製する方法を確立する．
　　Ⅲ　精製したアレルゲン分子を免疫に用い，アレルゲン分子を検出するプローブ（モノクロナール抗体またはポリクローナル抗体）を開発する．
　　Ⅳ　アレルゲン性低減化の目的で加工処理した食品サンプル中のアレルゲン分子の量を，開発した抗体で測定する．
　　Ⅴ　Ⅳの段階に合格したサンプルのアレルゲン性を，患者血清を用いて判定する．
　　Ⅵ　医師の管理下で，患者に食べてもらい症状の有無を判定する（二重盲検法が望ましい）．
　冒頭で紹介した研究により，大豆ではⅠ～Ⅲの段階が済んでおり，筆者は，納豆菌による発酵過程や，*Bacillus* 属細菌由来の食品加工用プロテアーゼ処理後に，抗原性・アレルゲン性の変化（減少）を検討するべくⅣ・Ⅴの実験を行なった[4,5]．それらについて紹介する．なお，本研究で用いた大豆の加工法は以下の通りである．

【方　法】
　　1）　大豆を一晩，水に浸漬する．
　　2）　大豆をオートクレーブで，120℃で20分間処理する．
　　3）　大豆に納豆菌を播種（大豆1gあたり0.8 mg）し，40℃で発酵させる．
　　または
　　3'）食品加工用プロテアーゼで処理する場合，大豆1gあたり10 m*l* のプロテアーゼ溶液と振とうしながら37℃でインキュベートする．

10.1.　納豆等のタンパク質の抽出と定量

　次項イムノブロッティングで分析するにあたり，サンプルはタンパク質濃度が判明した液体である必要がある．そこで，各大豆サンプルからタンパク質抽出液を作製した．ところで，納豆では，発酵の経過とともに大豆タンパク質の

分解が進んでいる．また，一般的に濃い界面活性剤を利用すると，タンパク質の抽出効率が上がるので，本実験でも高濃度のドデシル硫酸ナトリウム（SDS）を用いている．しかし，これらは比色法による測定を妨げる要因である．このような理由から，比色法によるタンパク定量ではなく，ケルダール法による総窒素定量を適用した．抽出液以外にも，抽出前の大豆・抽出液中の10％トリクロロ酢酸（TCA）不溶性画分も測定した．これにより，抽出液のタンパク質回収率，ならびにタンパク質の分解程度を評価した（表5-3）．

【器　具】
　ポリトロンホモジナイザー，MY式窒素分解蒸留装置（三紳工業），100 ml容ケルダールフラスコ，100 ml容メスフラスコ，ビュレット

【試　薬】
・抽出緩衝液：4％SDS，20 mM 2-メルカプトエタノール含有125 mMリン酸ナトリウム緩衝液 pH 6.8
・20％トリクロロ酢酸（TCA）水溶液
・濃硫酸（希釈なしの硫酸）

表5-3　納豆製造段階ごとの窒素抽出率の変化と抽出液中のタンパク質の割合の変化

サンプル名称	窒素抽出効率（％）mean±SD	抽出液中のタンパク質性窒素（％）mean±SD
浸漬大豆	96.05±1.85	71.31±0.47
蒸煮大豆		
発酵0時間後	61.91±2.67	78.77±2.89
発酵4時間後	62.65±1.70	71.21±0.32
発酵8時間後	82.25±1.91	31.82±1.60
発酵24時間後	95.78±1.27	2.20±0.47

納豆製造過程においてサンプリングした大豆の4％SDS含有緩衝液をイムノブロッティングで分析するのに先立って，抽出液中への総窒素回収率をケルダール法により測定した．さらに，抽出液を10％トリクロロ酢酸で処理し，抽出液中のTCA沈殿物（これをタンパク質とみなした）の窒素の割合も算出した．
―結果の解析―蒸煮により抽出液への窒素回収率は低くなるが，発酵の進行に伴い高くなる．これは，抽出されにくくなったタンパク質が発酵の進展により分解されたためと思われる．それを裏付けるように，抽出液窒素中のタンパク質性窒素の割合は，発酵の進展とともに低下している（ペプチド，アミノ酸へと分解されていると考えられる）．

（文献4のTable 1を改変した）

- 希硫酸（0.01 M 水溶液）
- 分解促進剤：硫酸銅1に対して，硫酸カリウム10を加えて乳鉢ですり合わせたもの
- 30％（w/v）水酸化ナトリウム水溶液
- 沸石
- 4％（w/v）ホウ酸水溶液
- pH指示薬：メチレンブルー5 mg，メチルレッド7.5 mgをエタノール6 mlに溶解

【方　法】

1) ポリトロンホモジナイザーを用い，大豆サンプルを抽出緩衝液中でホモジナイズする（5ml/大豆1 g）．泡立ちを抑えるには，微量の消泡剤（オクチルアルコールを用いた）を滴下する．

2) ガーゼを用いてろ過した後，ろ液を室温下100000×gで30分間遠心分離する（沈殿を同緩衝液により2度洗浄し，洗液を先の遠心上清に加える）．この抽出液は，タンパク質回収率を測定したうえで，次の実験（10.2）に用いる．

3) 抽出液の一部に，等量の20％TCA水溶液を加え30分間室温でインキュベート後，同様の遠心分離を再度行ない，生じた沈殿（10％TCA不溶性物）をタンパク質相当画分とする．

4) 総窒素量の測定をケルダール法により行なう．各サンプル（大豆約1 g程度が適量）をケルダールフラスコにとり，濃硫酸10 mlと分解促進剤1 gを加える．

5) 専用の装置でフラスコを加熱し，熱濃硫酸により充分に分解する．これにより，大豆中の窒素はアンモニウムイオンとなる．

6) 分解が終了したサンプルを全量回収し，メスフラスコを用いて純水で100 mlに定容し，そのうちの10 mlを別のケルダールフラスコにとる．

7) 純水50 ml，沸石，30％水酸化ナトリウム水溶液5 mlを加え，速やかに蒸留装置に連結し混和する．

8) 加熱により発生するアンモニアと水蒸気を冷却し，アンモニア水として4％ホウ酸水溶液（pH指示薬入り）中に捕集する．

9) ビュレットに入れた0.01 M希硫酸を用いて，ホウ酸水溶液中のアン

モニアを中和滴定（緑色⇒灰色の変化で確認）し，サンプル中の総窒素量（mg）を求める．

【計　算】

大豆 1 g あたりに含まれる総窒素量（mg）は，以下の式により算出される．

$$N\,(\mathrm{mg}) = 2.802 \times \left\{\frac{\text{中和滴定に要した希硫酸の液量（m}l\text{）}}{\text{秤量納豆の重量（g）}}\right\}$$

（タンパク質の重量として換算したい場合は，得られた数字に大豆用の窒素―タンパク質換算係数 5.71 を乗する）

各サンプルで，抽出前（①），抽出液（②），抽出液に含まれる 10% TCA 不溶性物（③）の 3 通りの総窒素量を測定し，抽出液への窒素回収率と抽出液中のタンパク質の割合を求める．

$$\text{抽出液への窒素回収率（\%）} = 100 \times \left(\frac{\text{②の値}}{\text{①の値}}\right)$$

$$\text{抽出液窒素中のタンパク質の割合（\%）} = ② \times 5.71 \times \left(\frac{100}{1000}\right)$$

【備　考】

ここに示した抽出緩衝液のタンパク質抽出力はかなり強力であると考えられるが，これを用いても，蒸煮直後の大豆サンプルからの窒素回収率はあまり高くないので，抽出用緩衝液には改良の余地があるかもしれない（この抽出緩衝液でも，GM30K は抽出できているので問題はないと考えられるが）．ただし，抽出液にトリスヒドロキシメチルアミノメタン（Tris）等の窒素含有物を用いることは，不可．

10.2. イムノブロッティング

納豆の発酵過程におけるアレルゲンタンパク質の分解状況を追跡するために，抗 GM30K 抗体（マウス IgG 抗体）を用いたイムノブロッティングが行なわれた（図 5-14A）．簡易分析の場合には，抽出液を直接ニトロセルロース膜にスポッティングするドットブロッティングでよいが，より精密な分析の場合には，SDS-PAGE 後，ゲルから写し取ったニトロセルロース膜を用いるウェスタンブロッティング法を適用する．前者の方が簡便であるが，後者では分子量の情報も得ることができる．

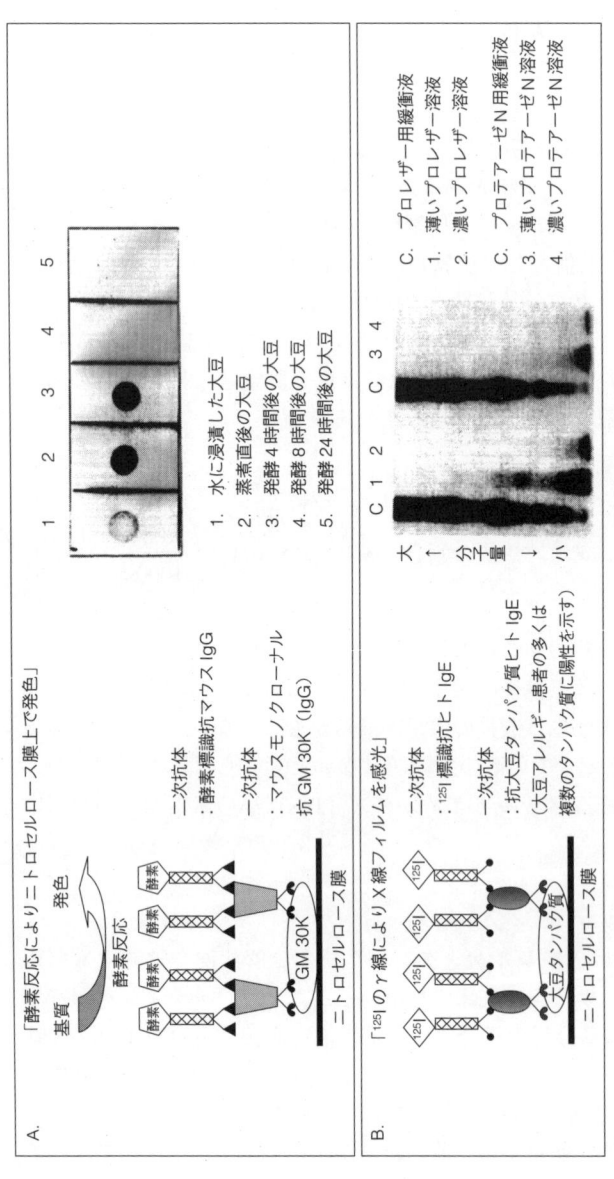

図5-14 イムノブロッティングの原理と実施例

A. 一次抗体として抗GM 30K抗体（IgG）、二次抗体として酵素標識マウスIgGを用い、GM 30Kを検出。
実験例は、納豆製造過程でのGM 30Kの消長をドットブロッティング法により解析したもの。
1. 水に浸漬した大豆
2. 蒸煮直後の大豆
3. 発酵4時間後の大豆
4. 発酵8時間後の大豆
5. 発酵24時間後の大豆

結果の解説：蒸煮により大豆に含まれる GM 30Kの抗原性は増大し、発酵4時間後まではその状態が維持されているが、8時間後には大きく減退し、24時間後にはほとんど検出されない。

B. 一次抗体として大豆アレルギー患者の血清、二次抗体として^{125}I標識抗ヒトIgEを用いて、アレルゲン性を検出。
実験例は、Bacillus属細菌由来の食品加工用酵素プロレザー、プロテアーゼN（いずれも天野エンザイム製）溶液を蒸煮大豆に20時間浸漬したサンプルに含まれるアレルゲン性タンパク質をウエスタンブロッティング法により解析したもの。

C. プロレザー用緩衝液
1. 薄いプロレザー溶液
2. 濃いプロレザー溶液
C. プロテアーゼN用緩衝液
3. 薄いプロテアーゼN溶液
4. 濃いプロテアーゼN溶液

大 ← 分子量 → 小

結果の解説：大豆アレルギー患者血清IgEは複数のタンパク質に対して結合を示したが、いずれのプロテアーゼを用いた場合も、使用濃度を濃くするほど、アレルゲンタンパク質の分解が進み、IgEの結合がほとんど検出されなくなっている。
（出典：文献4, 5）

【器　具】
　スラブ式ポリアクリルアミドゲル電気泳動装置（ミニゲル用），転写装置（セミドライ式），ポリ袋，シーラー，シーソーシェーカー
【試　薬】
- 12.5％ポリアクリルアミドゲル
- 抽出用緩衝液（ここでは，サンプルの濃度調整に使用）：4％ SDS, 20 mM 2-メルカプトエタノール含有 125 mM リン酸ナトリウム緩衝液 pH 6.8
- 転写用緩衝液：100 mM Tris, 192 mM グリシンを作製し，メタノールが 20％となるよう加えたもの
- 洗浄用緩衝液：20 mM Tris-HCl pH 7.3, 145 mM NaCl, 0.05％ Tween20 溶液
- ブロッキング緩衝液：3％ゼラチンを上記の洗浄用緩衝液に溶解
- イムノブロッティング用緩衝液：洗浄用緩衝液に 1/10 の割合で正常ヤギ血清を加えたもの
- 一次抗体：抗 GM30K マウスモノクローナル IgG
- 二次抗体：西洋ワサビパーオキシダーゼ標識ヤギ抗マウス IgG
- 発色基質：20 ml の冷メタノールに 60mg 4-chloro-1-naphtol を溶解し，100 ml の 50 mM Tris-HCl, pH 7.3 と混和後，30％過酸化水素水を 70 μl 加えたもの．用時調製．

【方　法】
1) 10.1.の【方法】2）で作製した抽出液を抽出用緩衝液で希釈して，各サンプルの窒素量を等量とした後，SDS-ポリアクリルアミドゲル電気泳動にかける（窒素量 10 μg 程度が目安）．
2) 転写装置の電極（＋）上に転写用緩衝液に浸した厚手の専用ろ紙 4 枚を置き，その上にニトロセルロース膜を敷いておく．
3) 泳動が終了したゲルをニトロセルロース膜の上に重ね，その上に転写用緩衝液に浸した専用ろ紙 4 枚をさらに重ねる．
4) 電極（－）を乗せてセットを完了し，通電する（80 mA で 1 時間程度）．
5) 転写が終了したニトロセルロース膜を，ブロッキング緩衝液と 37 ℃で 1 時間インキュベートする．なお，以後のインキュベートには，シ

ーソーシェーカー等を用いる．ドットブロッティングの場合，1)～4)までの操作はなく，抽出液をニトロセルロース膜に直接スポッティングし，乾燥後，ブロッキングする．

6) ニトロセルロース膜をミニサイズのポリ袋に入れ，さらにイムノブロッティング用緩衝液で 2000 倍希釈した一次抗体を入れ，空気が入らないように注意しながらシーラーにより密封し，インキュベートする．
7) 緩衝液を除去後，洗浄用緩衝液中でニトロセルロース膜を洗浄する．
8) ポリ袋中で，6) と同様に二次抗体とインキュベートする．なお，二次抗体の最適な希釈倍率は，それぞれの説明書を参考にする．
9) 緩衝液を除去後，洗浄用緩衝液中でニトロセルロース膜を洗浄する．
10) 発色基質液にニトロセルロース膜を浸漬させる．インキュベートが長すぎると逆に退色することもある．
11) 水に 10 分間浸漬する．これを 2 回繰り返す．GM30K の存在量に応じて，濃淡が生じる．

【データ処理】

同時に分析した複数のサンプル間で，同窒素量あたりの GM30K の存在量に対して相対的な評価を下すことができる．すなわち，実験結果として現われる濃淡は，そのまま抗原性の強弱として判定できる．スキャナー等によりデータを記録しておく．

【備　考】

最近では，アトーより大豆アレルゲン検出ウエスタンブロッティングキットが販売されている．これを用いる場合は，使用説明書を参照のこと．また，GM30K も含め，各種大豆アレルゲンに対する抗体の入手については，森山達哉先生（近畿大学農学部応用生命化学科）に相談されることをお勧めする．

上記の実験により，Ⅳの段階をクリアしたら，大豆アレルギー患者の血清を用いたⅤの段階へ進む（p. 164 参照）．方法は，マウスモノクローナル抗体を用いるイムノブロッティングとほぼ同様である．ただしこの場合，一次抗体として患者血清を用いる．さらにニトロセルロース膜に結合した患者 IgE 抗体を検出するにあたり，二次抗体には ^{125}I-標識抗ヒト IgE を用い，専用カセット内で X 線フィルムに感光させるオートラジオグラフィーにより検出する（図 5-14B）．デンシトメーターを用いれば，データの数値化も可能．

10.3. RIA（ラジオイムノアッセイ）阻害法

一般に，生化学的な結合を判定する実験では，大量の非標識リガンドの存在の有無により標識リガンドの結合に差が生じるかどうかで，その結合の特異性について判断する．前述のイムノブロッティングで検出された結合の特異性を判定する場合，RIA 阻害法が適用されうる（図 5-15）．

【器　具】
臭化シアン活性化ろ紙（φ約 5.5mm），γ-カウンター

【試　薬】
- 50mM リン酸ナトリウム緩衝液 pH 8.0，145 mM NaCl 含
- ブロッキング緩衝液：3％ゼラチンを 10 mM リン酸ナトリウム緩衝液 pH 8.0, 145mM NaCl 含に溶解
- RAST RIA キット：かつてのファルマシア社製キット．現在は販売されていないが，ここでは筆者の経験に照らし，このキットを用いた場合の方法を記載した．抗ヒト IgE 抗体を ^{125}I で標識すれば代替可能だろう．

【方　法】
1) 10.1. と同様の作業により大豆抽出液を得る．ただし，抽出用の緩衝液には 50 mM リン酸ナトリウム緩衝液 pH 8.0 を用いる．
2) 大豆抽出液を緩衝液により希釈し，その 50 μl を，大豆アレルギー患者血清 50 μl と室温で 8 時間インキュベートする．
3) 事前に，臭化シアン活性化ろ紙に GM30K 溶液（2mg/ml）を結合させ，GM30K ディスクを作製し，ブロッキング緩衝液中，室温で 1 時間インキュベートする．
4) 2) の混合液に GM30K ディスクを入れ，室温で 12 時間インキュベートする．
5) インキュベート終了後，キットの洗浄用緩衝液でディスクを 3 回洗浄する．
6) キットの ^{125}I-標識抗ヒト IgE 抗体液 50 μl にディスクを浸し，室温で 8 時間インキュベートする．
7) インキュベート終了後，キットの洗浄用緩衝液でディスクを 3 回洗浄する．
8) ディスク上の放射活性を γ-カウンターにより測定する．

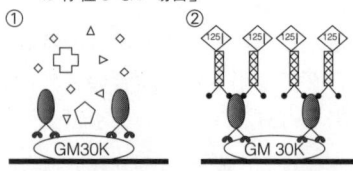

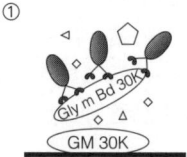

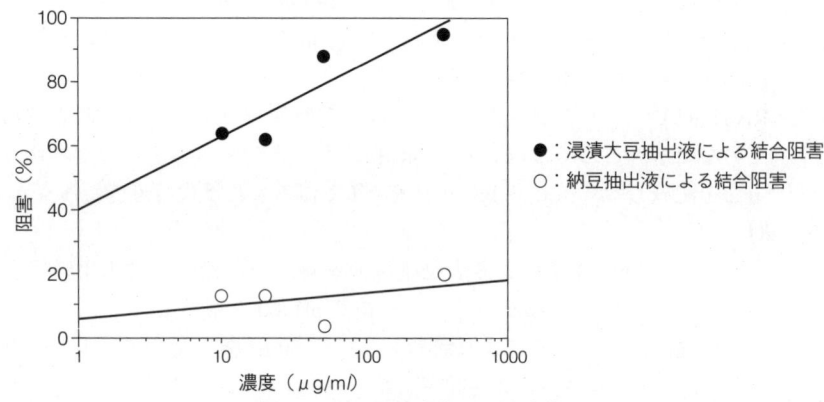

A.「抽出液中に GM 30K（の抗原性）が存在しない場合」
① ②
臭化シアン活性化ろ紙
ろ紙上の GM 30K への結合を阻害するものはない

臭化シアン活性化ろ紙
ろ紙上のヒト IgE 量に応じて ¹²⁵I 標識二次抗体が結合

B.「抽出液中に GM 30K（の抗原性）が存在する場合」
① ②
臭化シアン活性化ろ紙
ろ紙上の GM 30K への IgE 結合を可溶性 GM 30K が阻害

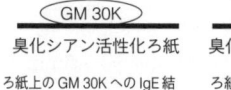

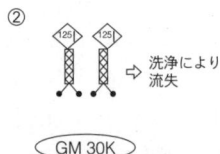

臭化シアン活性化ろ紙
ろ紙にヒト IgE がないので, 二次抗体が結合しない

洗浄により流失

● : 浸漬大豆抽出液による結合阻害
○ : 納豆抽出液による結合阻害

図 5-15　RIA 阻害実験の原理と実施例

大豆アレルギー患者血清に含まれる IgE の GM 30K ディスクに対する結合を，サンプル抽出液が阻害するかどうかを測定する．
A. はサンプル中に結合を阻害するものがない場合，B. は阻害するものがある場合．サンプルのアレルゲン性が低減化されていれば，その抽出物は A. に近い状態になる．
実施例は，浸漬大豆（●）と納豆（○）の各抽出液を用いて GM 30K ディスクに対する RIA 阻害実験を行なった．
結果の解説；浸漬大豆抽出液は，用量依存的に結合を阻害するが，納豆抽出液にはほとんどそのような阻害活性は見られていないので，納豆では GM 30K のアレルゲン性が低減化されていると考えられる（出典：文献 4）

【計　算】

2) で緩衝液のみと血清をインキュベートした場合（A）を阻害 0％，精製 GM30K 100 μg/ml を用いた場合（B）を阻害 100％として，各サンプル抽出液を用いた場合（C）の測定値から，サンプルの阻害活性を％で評価する．

$$阻害率（\%）= \frac{100 \times (\text{A の値} - \text{C の値})}{(\text{A の値} - \text{B の値})}$$

【備　考】
　GM30K に反応を示す均質な大豆アレルギー患者血清が，ある程度の量確保されていないと本実験を実施するのは難しい．

【文　献】
1) Ogawa, T., N. Bando, H. Tsuji et al. : *J. Nutr. Sci. Vitaminol.*, 37, 1991, pp555-565.
2) Ogawa, T., H. Tsuji, H. Bando et al. : *Biosci. Biotehnol. Biochem.*, 57, 1993, pp1030-1033.
3) Tsuji, H., N. Okada, R. Yamanishi et al. : *Biosci. Biotehnol. Biochem.*, 59, 1995, pp150-151.
4) Yamanishi, R., T. Huang, H. Tsuji et al. : *Food Sci. Technol., Int.*, 1, 1995, pp14-17.
5) Yamanishi, R., H. Tsuji, N. Bando et al. : *J. Nutr. Sci. Vitaminol.*, 42, 1996, pp581-587.

（山西倫太郎）

11.　腸内菌叢解析法

　納豆・納豆菌の経口摂取により，腸内菌叢の変化，下痢抑制などの効果が認められることがある．それらの効果を検討するために行なわれる糞便・腸内容物の菌叢解析には，培養法および分子生物学的解析法（PCR-DGGE 法，T-RFLP 法，定量的 PCR 法，FISH 法，クローンライブラリー法，メタゲノム解析法など）が用いられる[1,2]．本稿では，培養法，PCR-DGGE 法，定量的 PCR 法について，簡潔に紹介する．

11.1.　培養法による腸内菌叢の解析[1,3,4]

【器　具】
　微生物検査関連機器，嫌気培養装置

【試　薬】
　 i) 使用培地例
　　・嫌気性菌非選択培地：BL（Glucose blood liver）寒天培地（日水製薬），CDC（Center for Disease Control）嫌気性菌用ヒツジ血液寒天培地（日本ベクトン・ディッキンソン）
　　Bifidobacteirum 選択培地：BS（*Bifidobacterium* selective）寒天培地，TOS（Transgalactosylated OligoSaccharides）プロピオン酸寒天培地（ヤ

クルト薬品工業）
- レシチナーゼ陽性 *Clostridium* 選択培地：カナマイシン-CW（*Clostridium welchii*）寒天培地（日水製薬）
- *Lactobacillus* 選択培地：LBS（*Lactobacillus* selective）寒天培地（日本ベクトン・ディッキンソン），変法 LBS 寒天培地
- 好気性菌非選択培地：ヒツジ血液寒天培地 M58（栄研化学），CPS ID2 および ID3 寒天培地（シスメックス・ビオメリュー）
- *Enterobacteriaceae* 選択培地：DHL（Desoxycholate-hydrogen sulfide-lactose）寒天培地
- 納豆菌計数用培地　PRM（Peptone, Raffinose and Meat extract）寒天培地，マンニット食塩寒天培地

【方　法】

採取した新鮮な糞便試料を用いて検査を行なう．あらかじめ作成した寒天平板培地の表面に，試料希釈液を表面塗抹し，培養後に計数を行なう．

試料の輸送は，冷蔵・嫌気条件下で行なう．偏性嫌気性菌を対象とした場合，試料の輸送や希釈には，適切な液を用いる[5]．嫌気培養時には，調製直後または嫌気条件下で保存した培地を用い，カタリストを入れた嫌気培養用装置に検体塗抹後のシャーレを入れ，混合ガス（窒素 80％，二酸化炭素 10％，水素 10％）で置換するとよい．

11.2.　PCR-DGGE 法による腸内菌叢の解析[2, 6~8]

変性剤濃度勾配ゲル電気泳動（Denatured Gradient Gel Electrophoresis, DGGE）では，同一分子量で塩基配列が異なる DNA 断片試料を分離・識別することが可能である．その性質を利用して，DGGE は，糞便のみならず，土壌，湖沼，海水，食品等の菌叢解析に利用されている．

【器　具】

サーマルサイクラー（遺伝子増幅装置），アガロースゲル電気泳動装置，DGGE 用電気泳動装置（D-code，バイオラッド社製など），DNA シークエンサー

【試　薬】
- DNA 抽出用試薬：RNA を抽出し，逆転写反応により cDNA を得て解析する方法もある[8]
- （GC クランプ付）プライマー[6, 7]

- PCR 用試薬
- アガロースゲル電気泳動用試薬（分子量マーカーを含む）
- DGGE 用試薬（分子量マーカーを含む）
- DNA 精製試薬
- サイクルシークエンス反応用試薬および生成産物の精製試薬
- DNA シークエンシング用試薬

【方 法】
1) 採取した新鮮な糞便試料等より DNA を抽出する.
2) 片方のプライマーに GC クランプを付けたプライマー[6,7]を用いて PCR を行ない, 増幅産物の良否をアガロースゲル電気泳動にて確認後, 精製を行なう.
3) DGGE を行なう.
4) バンドを切り出す.
5) 切り出したバンドを PCR チューブ内で滅菌超純水を用いて洗浄後, 2) と同一のプライマー等を用いて再度 PCR を行なう. (その後, DGGE を再度行ない, バンドの単一性・同一性を確認するとよい)
6) PCR 増幅産物について, 精製後にサイクルシークエンス反応を行なった後に, DNA シークエンシングとデータベース相同性解析を行ない, バンドの由来菌種を推定する (「1 章 3.1 【方法】3」以降を参照).

なお, 培養法により菌株を分離した場合には, その菌株から抽出した DNA (または RNA) を鋳型として上記 2) 以降を同時に実施すると, DGGE におけるバンドの由来菌種（菌株）と分離菌株を確認・照合することが可能である. また, 16S rDNA ユニバーサルプライマーを用いた PCR-DGGE 解析では, 試料中の優勢な菌種のみを検出しやすいため, 菌種特異的なプライマーも用いて解析を実施することも有効である.

11.3. 定量的 PCR 法による腸内菌叢の解析[2,5,9]

試料より DNA または RNA を抽出し, 解析する菌種に特異的なプライマーおよびプローブを用いてリアルタイム PCR を行なうことにより, 試料の菌叢と, その濃度を解析する.

【器 具】
リアルタイム PCR 装置, 蛍光顕微鏡, 微生物培養装置

【試　薬】
- DNA抽出用試薬：RNAを抽出し，逆転写反応によりcDNAを得て解析する方法もある[5]
- 菌種特異的プライマーおよびプローブ
- リアルタイムPCR用試薬
- 菌体蛍光染色用試薬2 mg/ml DAPI（4',6-diamino-2-phenylindole）：DAPIをメタノールに溶解．遮光・冷蔵保存．

【方　法】
1) 採取した新鮮な糞便試料等よりDNAを抽出する[9]．
2) 解析する菌種に特異的なプライマーまたはプローブを用いてリアルタイムPCRを行ない，特定菌種の存在・菌濃度を解析する．標準曲線は，既知濃度の標的微生物（菌体を蛍光試薬DAPIにより染色し，蛍光顕微鏡で計数）を用いて作成する．DAPI染色は，試料菌液に，1/10量のDAPI希釈溶液（上記保存液2.5〜50 μl程度をPBS 50 mlに添加，用時調製）を加えて1〜5分程度室温で放置しPBSで洗浄して行なう．

【文　献】
1) 光岡知足：『腸内菌の世界』叢文社，1984.
2) 渡辺幸一：「腸内細菌学雑誌」21，2007，199-208.
3) 三ッ井陳雄・梶本修身・塚原美央ら：「薬理と治療」34，2006，135-148.
4) 竹村浩・塩谷順彦・小森美加ら：「生活衛生」53，2009，11-18.
5) Matsuda, K., H. Tsuji, T. Asahara et al.：*Appl. Environ. Microbiol.*, 73, 2007, pp32-39.
6) Muyzer, G., E.C. De Waal and A.G. Uitterlinden：*Appl. Environ. Microbiol.*, 59, 1993, pp695-700.
7) Ercolini, D.：J. Microbiol. Methods, 56, 2004, pp297-314.
8) Licht, T.R., M. Hansen, M. Poulsen et al.：*BMC Microbiol.*, 6, 2006, 98.
9) Matsuki, T., K. Watanabe, J. Fujimoto et al.：*Appl. Environ. Microbiol.*, 70, 2004, pp7220-7228.

（細井知弘）

第6章

○ 官能評価とアンケート調査 ○

1. 官能評価

　官能評価は，人間の感覚を測定器とし品質を評価する方法である[1]．商品開発した場合などには，官能評価が必要になる．納豆のにおい，見た目，豆の硬さなど（嗜好型官能評価），原料大豆を変えた場合の相違（分析型官能評価）などに使用する．官能評価の目的と主な手法[2]は表6-1に示す．官能評価の用語や検定に関する詳細は成書を参考されたい[3,4]．ここでは，納豆試験法[5]に記載された納豆官能検査法を基に改良した方法について説明する．

【方　法】
1) パネルの選定試験など必要に応じて実施する．選定試験やパネルの数などは，成書を参考にする[3,4]．
2) 対照として，市販の基準納豆を決め，その納豆を基準とし評価を行なう（表6-2）．
3) 「製品に関する判定基準」[3]を確認する（表6-3）[*1]．
4) 冷蔵庫から出し室温に1時間放置した試料を供する．
5) ポリエチレンフィルムを取る．
6) ポリスチレンペーパー（PSP）容器を外側から手でもみPSP容器と納豆がはがれやすいようにする．
7) 納豆の菌の被り，溶菌状態，豆の割れ，つぶれ，色，香り，臭いなどの外観を表面と裏面（容器を逆さまにし，納豆容器のふたの上に載せる）を検査する．
8) 糸引きは，納豆を割り箸で20回かき回した[*2]後，割り箸で納豆（40

表6-1 官能評価の目的と主な手法

目的	手法	解析法
差の識別 嗜好（特性の強さや好み）の比較	2点識別試験法	二項検定 $\left(p=\dfrac{1}{2}\right)$ 片側検定
	1・2点試験法	
	3点試験法	二項検定 $\left(p=\dfrac{1}{3}\right)$ 片側検定
	2点嗜好試験法	二項検定 $\left(p=\dfrac{1}{2}\right)$ 両側検定
嗜好や特性の大小の位置づけ	順位法	Spearmanの順位相関係数
		Friedmanの検定
		Kramerの検定
	一対比較法	Schefféの検定
		Thurstone-Mostellerの検定
		Bradley-Terryの検定
嗜好や特性の数量化	評点法	分散分析（一元配置法，二元配置法） t 検定
	カテゴリー尺度法	
	一対比較法	
嗜好や特性の内容分析	SD法	主成分分析 因子分析

　　　〜50g入りの場合）の2分の1もしくは3分の1つまんで40cmくらい持ち上げ，観察する．試料が複数ある場合は同一者が納豆をかき混ぜる．
9) 豆の硬さ，味，総合評価，嗜好を検査する．
10) 多数の試料を続けて官能検査する場合は，濃口醤油を10〜20倍に薄めて口の中をすすぎながら行なう．
11) 備考欄には，評価の理由や気づいたことなどを詳しくメモしておく．
12) データの解析は，「3. 統計処理法」を参照．

【補　足】
*1 官能評価用紙作成の際，左側に表6-3，右側に表6-2を並列しA3用紙に印刷し配布するとよい．
*2 納豆の糸引き検査のかき回しは，個人によりかき混ぜ具合が異なるため糸

表 6-2　納豆官能評価表

実施日：　　年　月　日　　　　　　　（氏名：＿＿＿＿＿＿）
試　料：　　　　　　　　　　　　　　性別：　男　・　女
　　　　＿＿＿＿＿＿＿＿＿＿＿＿　　年齢：＿＿＿＿＿歳

評価項目	評　価* 1　2　3　4　5　6　7	備　考
1．菌の被り	悪い（　　）良い	
2．溶菌状態	多い（　　）少ない	
3．豆の割れ・つぶれ	多い（　　）少ない	
4．豆の色	悪い（　　）良い	
5．香り （日本の糸引納豆らしい香り）	悪い（　　）良い	
6．におい （日本の糸引納豆ではないにおい）	悪い（　　）良い	
7．糸引き	弱い（　　）強い	
8．硬さ	硬い（　　）軟らかい	
9．味	悪い（　　）良い	
10．総合評価	悪い（　　）良い	
11．し好	嫌い（　　）好き	

＊（　　）内に評価1～7を記入

第6章　官能評価とアンケート調査

表 6-3 納豆の製品に関する判定基準

1) 納豆菌の被り
 (良) ムラなく，一定の厚さでおおっており，素豆やマダラな被りがないもの．
 (悪) 被りがマダラ状，または素豆がところどころにある．その他，著しく，被りの薄いもの．
 (注) (良)―(悪) の代わりに，被りが (厚い)―(薄い)，(見栄えがよい)―(見栄えが悪い) 等でもよい．
2) 溶菌状態
 (良) 被りに菌相の溶けた状態が見られないもの．
 (悪) 菌相が溶けてベタベタした状態が出ているもの．
3) 豆の割れ，つぶれ，皮むけ
 (良) 割れ，つぶれ，皮むけなどが少ない，またはほとんどないもの．
 (悪) 割れ，つぶれ，皮むけなどが多いもの．
4) 豆の色
 (良) 茶色〜うす茶色をしており，色が明るく鮮やかさを伴うもの．
 (悪) こげ茶〜殻，黒っぽい色のもの．
5) 香り (日本の糸引納豆らしい香り)
 (良) 甘味臭の良いもの．アンモニア臭，コゲ臭，酸臭，異臭から判断して適度な香りを有するもの．
 (悪) 甘味臭，アンモニア臭，コゲ臭，酸臭，異臭から判断して不適当なもの．
 (注) (良)―(悪) の代わりに，(強い)―(弱い)，(香ばしい)―(悪い)
6) 臭い (日本の糸引納豆ではないにおい)
 (良) 日本の糸引納豆らしいにおいを有するもの．
 (悪) 日本の糸引納豆ではないにおいを有するもの．異臭などから判断して不適当なもの．
7) 糸引き
 (良) かき回した時に，粘りが強く，糸引きの良いもの．
 (悪) 粘りが少なく，糸引きの弱いもの．
 (注) (糸が美しい)―(糸が汚い)，(ダマが多い)―(ダマが少ない)，(糸が強い)―(糸が弱い)
8) 硬さ
 (良) 軟らかく，滑らかな歯ざわりを有するもの．
 (悪) 硬くて，歯ざわりの悪いもの．
9) 味
 (良) アミノ酸などの旨味や苦味，甘味，異味などから判断して適当な味を有するもの．
 (悪) 旨味，苦味，甘味，渋味，異味などから判断して不適当なもの．
 (注) (良)―(悪) の代わりに，(旨い)―(まずい)
10) 総合評価
 全体的に考え評価する．異物，チロシンの結晶等が見られた時は総合評価の備考欄に記載する．
11) 嗜好
 自身の好みを考え評価する．

評価の 7 は非常に良い，6 は良い，5 はやや良い，4 は普通，3 はやや悪い，2 は悪い，1 は非常に悪い，とした．対照には日常食べている納豆 (継続して市販されている商品) を基準におき，評価段階の「4 (普通)」とする．備考欄には，評価した理由や気づいたことなどをできるだけ詳しく記入する．

(注) 納豆の品質 (項目 1〜10) とは別にパネルの嗜好性も記入してもらうと，あとで参考になることが多い．

引き状態に差が生じやすい．そのため，同じ試験の官能評価（官能評価したい試料が複数の場合）は，同一人物がかき混ぜた方がよい．このとき，かき回し回数は20～50回の間で一定回数とし，さらに容器を変更して実施する場合も同一容器とする．

【文　献】

1) 木内幹・永井利郎・木村啓太郎編著：『納豆の科学』建帛社，2008，145-149．
2) 和田淑子・大越ひろ編著：『健康・調理の科学（第3版）』建帛社，2007，97．
3) JIS Z9080 評価分析方法，2004．
4) JIS Z8144 評価分析―用語，2004．
5) 納豆試験法研究会・農林水産省食品総合研究所編：『納豆試験法』光琳，1990，61-63．

（村松芳多子）

2．アンケート調査

アンケート調査は，人の意見などを調べるためによく行なわれる調査方法である．調査の概要をまず簡単に述べる．

調査するには，①調査・研究のテーマの検討や仮説の設定などを行ない，過去にどんな研究がなされていたかを文献・著書（科学的根拠をもとにした教科書等）などで調査する．インターネットのMEDLINE（英語検索，無料），NACSIS（国立情報学研究所），日本医学中央雑誌（日本語検索，有料），JMEDICINE（日本語検索，有料）等を利用するのも有効である．最終的に文献を手に入れ吟味する．②費用，時間の面を考慮しながら調査方法，調査対象者，調査票の配付・回収方法などを検討する．③調査票の作成，④調査票の修正，⑤本調査，⑥調査結果の入力，⑦データの集計・解析，⑧報告書や論文の作成の順に行なうことになる．

納豆のアンケート調査は，全国納豆共同組合連合会の納豆PRセンター（http://www.710.or.jp/）で数年前からインターネット上で年に1回ずつ行なわれ，結果を公開している．この調査は一定期間に不特定多数の方に行なっている方法である．PR提供として，また，今後納豆のアンケートを行なううえで1つの良い参考資料である．

アンケート調査方法の詳細は多くの書籍が出版されているので，それらを参考にしていただきたい[1~3]．具体的な参考資料（調査票6-1～6-3）は後述す

るが，アンケート調査に関する一般的な方法の流れを，様々な方法がある中から具体的に紹介する．

【方　法】
1) 目的（納豆に関するアンケート調査）を決める．「若い女性（20歳前後）は，納豆の何に注目して購入しているのか？　納豆はあまり好かれていないのではないか？　また，納豆に対するブランド嗜好はなく，価格の安い商品を購入する傾向にあるのではないか？」を予測した．さらに消費動向から，新たな機能性食品のニーズを模索したい．例えば，目的を上述のようにした場合の例で考える．
2) 費用・時間を検討する．調査票のコピー代，調査票を郵送する場合は，送信や返信費用がかかる．宛名書きやデータ入力等のアルバイト代を考える．その他インタビュー調査法などもある．
3) 調査方法を検討する．調査票にかかれた質問項目通りに対象者に回答（自記式）してもらい，データを集める方法にする．
4) 調査対象者を検討する．調べたい対象者を選択し，例えば若い女性（20歳前後）に視点をおき，さらに地域性をみたい．
5) 調査票の配付回収方法を検討する．ここでは集合調査法で行なう．集合調査法は，調査対象者をある場所に集めてその場で調査票を配付し回答してもらう方法である．その他に口頭質問によって行なう面接調査法や，質問票を郵送して行なう郵送調査法，電話を利用して行なう電話調査法などがある．
6) 調査票を作成する．質問項目は誰でも理解しやすく，誤解のない質問内容とする必要がある．語彙や語尾に気をつけながら，作成するとよい．回答調査対象者の属性（性別，年齢，調査年月日など）は必ず記載してもらう．質問票作成時に注意すべきことは，調査対象者も安心するので，調査者は必ず明記する．なぜ，調査を行なうのか調査目的を簡潔に記入する．個人情報保護の観点からプライバシーが侵害されることはないことを明記するかまたは伝える．注意してもらいたいことがある場合は，事前に注意事項を明記するかまたは伝える．調査に関する質問などを受けるためにも必ず連絡先を明記する．その他調査協力者がいる場合は，調査前後の挨拶やお礼を忘れずに行なう．調査票の作成例を章末（調査票6-1〜6-3，p. 185）に記す[4]．その他にき

のこの嗜好調査票[5]なども参考にするとよい（英文表記されており，参考になる）．
7) データの解析は，「3. 統計処理法」を参照．

【文　献】

1) 加藤千恵子・盧志和・石村貞夫：『SPSSでやさしく学ぶアンケート処理』東京図書，2003, 2-35.
2) 加藤千恵子・石村貞夫：『Excelでやさしく学ぶアンケート処理』東京図書，2003, 47-61.
3) 内田治：『すぐわかるSPSSによるアンケート調査・集計・解析』東京図書，1997, 50-87.
4) 木内幹・永井利郎・木村啓太郎編著：『納豆の科学』建帛社，2008, 140.
5) 村松芳多子・鈴木亜夕帆・寺嶋芳江ら：「家政誌」55, 2004, 725-732.

（村松芳多子）

3.　統計処理法

　官能評価やアンケート調査を行なったら，必ず報告書や学会論文にしなければ評価・調査結果が反映されないうえ，無駄になってしまう．ここでは，実際に実施した納豆の官能評価やアンケート調査した際の統計処理方法を述べる．

【方　法】

1) 入力方法は，調査した結果をどのような統計処理・解析を実施するかによる（表6-1参照）．一般的には表計算ソフトExcelを使用し，入力するとよい．Excelに入力しておけば，好みの統計解析ソフトに対応できる[1,2]．統計解析ソフトには，Excel，Excel統計，JAP，SPSSなど多種類のソフトが販売されている．調査項目内容について統計ソフトSPSSを使用し，各地域とすべての調査域をまとめた全体を比較検討する．統計解析には一元配置の分散分析を使用し，その後の検定にはシェフェの検定（Scheffé's test），ボンフェローニの検定（Bonferroni test），テューキーのHSD検定（Tukey's HSD test）等を使用する．相関関係をみる場合はピアソンの相関係数，また順位づけの際はスピアマンの順位相関係数を求める．以下，納豆官能評価のSPSSでの方法を示す（納豆の種類が3つ以上あり，それぞれの項目ごとに差があるかを比較した場合についての方法）．
2) 納豆の官能評価後，データをExcelに入力する．入力方法は行方向に

被験者，性別，年齢，実施日，評価項目（10項目）を順に入力する．入力の際，被験者，性別，実施日等は数値（ラベル）化しておく．数値化とは男性を「1」，女性を「2」というように数値にすることである．

3) 入力したデータをコピーしSPSSのデータビューシートにペーストする[3]．変数ビューシートの名前欄にExcelの行方向に入力した「被験者」，「性別」，「年齢」，「実施日」，「評価項目（10項目）」を入力する．型欄は「数値」，小数桁欄は「0」，値欄は数値化したデータ内容を対比するように入力する．

4) データビューシートの①「分析→平均の比較→一元配置分散分析」を選択する．②因子に納豆の種類を入れ，従属変数リストに評価項目等を入れる．③「その後の検定→シェフェの検定にチェックを入れ，続行」を選択する．④必要ならば「オプション→統計量を選択しチェックする→続行」を選択する．⑤OKを選択すると解析し，出力ファイルに解析結果が表示される．

5) 有意差があれば「*」で示される．

【補　足】
1) 比較したい納豆の種類が2種類の場合はt検定を行なう．
2) Excelの分析ツールでも同様に実施できる．その場合，出力されたp値をF検定表またはt検定表から読みとり有意差があったかなかったかを判断する必要がある．
3) その他，性差，被験者間の差なども解析できる．

【文　献】
1) 加藤千恵子・盧志和・石村貞夫：『SPSSでやさしく学ぶアンケート処理』東京図書，2003，36-65．
2) 加藤千恵子・石村貞夫：『Excelでやさしく学ぶアンケート処理』東京図書，2003，76-207．
3) 石村貞夫：『SPSSによる分散分析と多重比較（第2版）』東京図書，2002，2-29．

（村松芳多子）

調査票 6-1

平成○年○月○日

〈納豆の嗜好に関するアンケート調査〉

　私は，新規納豆の開発等に興味をもち納豆の機能性の研究を行なっています．納豆の嗜好に関する調査は少なく，特に若い女性の納豆に対しどのような嗜好（考え）をもっているのか等の調査は見あたりません．今後，若い女性の嗜好調査をもとに新しい納豆の機能性を見いだしたいと考えています．
　ご回答内容は研究以外の目的に使用することはありません．調査は無記名で行ないます．個人の回答内容が外部にもれることは絶対にありません．納豆の嗜好調査にご協力をお願いします．

◎記入についてのお願い
　1．回答にあたり，他の方と相談されることなく，必ず一人でお答えください．
　2．回答が終わりましたら，回答すべきところに記入漏れがないか，再度ご確認ください．

　　　　　　　　　　　　　連絡先
　　　　　　　　　　　　　○○大学○○学部○○学科○○研究室
　　　　　　　　　　　　　△△　□□□
　　　　　　　　　　　　　〒111-1111　東京都○○区○○1-1-1
　　　　　　　　　　　　　TEL；03-0000-0000（月〜金；10時〜16時）

調査票 6-2

〈納豆の嗜好に関するアンケート調査〉

性別；男・女　　年齢；　　歳　　出身地；　　　都・道・府・県

　糸引き納豆（以下納豆と省略します）に関する嗜好と認識調査です．下記の選択肢の番号に○をつけてください．または番号を記入してください．

Q1. 納豆は，好きですか．
　　1. とても好き　　2. 好き　　3. ふつう　　4. あまり好きではない　　5. 嫌い

Q2. あなたの両親は納豆を食べますか．
　　父；　1. よく食べる　　2. 食べる　　3. 食べない
　　母；　1. よく食べる　　2. 食べる　　3. 食べない

Q1. で「嫌い」と答えた方は Q 19. へ進んでください．

〈Q1 で 1〜4 と答えた方のみ以下にお答えください〉
Q3. 納豆が好きな理由は何ですか（複数回答可）．
　　1. おいしい　　2. 安い　　3. 栄養素が豊富　　4. ヘルシー感がある
　　5. からだに良い　　6. 食物繊維が豊富　　7. 特にない　　8. その他（　　　　）

Q4. 納豆を食べる理由は何ですか（複数回答可）．
　　1. おいしい　　2. 安い　　3. 栄養素が豊富　　4. ヘルシー感がある
　　5. からだに良い　　6. 食物繊維が豊富　　7. 特にない　　8. その他（　　　　）

Q5. 納豆を食べ始めた時期はいつ頃ですか．
　　1. 10歳以前から　　2. 10〜14歳の頃から　　3. 15〜19歳の頃から　　4. 成人してから

Q6. 納豆を食べる頻度はどのくらいですか（過去1ヵ月間を振り返って考えてください）．
　　1. 毎日2回以上　　2. 毎日1回　　3. 週4〜6回　　4. 週2〜3回
　　5. 週1回　　6. 月に2〜3回　　7. 月に1回　　8. 食べない

Q7. 納豆を食べる量は1回あたりどのくらいですか（過去1ヵ月間を振り返って考えてください）．（1パック50gとして）
　　1. $\frac{1}{2}$パック　　2. $\frac{2}{3}$パック　　3. 1パック　　4. $1+\frac{1}{3}$パック　　5. $1+\frac{1}{2}$パック以上

Q8. 納豆の薬味はどんな食品を使用しますか（複数回答可）．
　　1. 添付のたれ　　2. しょうゆ　　3. からし　　4. ネギ　　5. 大根おろし
　　6. かつおぶし　　7. 卵（全卵）　　8. 卵（卵黄）　　9. のり　　10. キムチ
　　11. その他（　　　　）

〈中間　Q9〜15　省略〉

調査票6-3

Q16. 納豆を購入する際の価格帯はどのくらいですか．
　　1．100円未満　　　2．100～150円未満　　　3．150～200円未満
　　4．200円以上　　　5．特にない　　　　　　6．わからない

Q17-1. 家庭で納豆を調理して食べますか．
　　（この調理とは納豆をしょうゆやからし，薬味以外に別の食材を加えて食べること）
　　1．調理して食べる　　2．調理して食べることもある　　3．調理しない

〈Q17-1. で1.2.と答えた方のみ〉
Q17-2. 納豆を家庭で調理する場合，どのような調理をして食べますか．
　　第1～3位まで選び番号を記入してください．またその他の場合は料理名を記入してください．
　　第1位　（　　　　　　　　）
　　第2位　（　　　　　　　　）
　　第3位　（　　　　　　　　）
　　1．納豆巻き（寿司）　　　2．みそ汁に入れる（納豆汁）　　3．イカ納豆
　　4．納豆スパゲティ　　　　5．マグロ納豆　　　　　　　　　6．納豆チャーハン
　　7．卵料理（に加える；生卵除く）　8．納豆そば　　　　　　9．納豆豆腐
　　10．天ぷら・フライなどの揚げ物　11．納豆カレー　　　　　12．納豆餃子
　　13．納豆パン（パンにのせる）　　14．和え物　　　　　　　15．炒め物
　　16．その他（　　　　　　　　　）

Q18. 納豆の効用は何だと認識していますか（複数回答可）．
　　1．整腸効果　　　　2．コレステロール抑制　　3．抗菌・殺菌効果
　　4．血栓症予防　　　5．美容効果向上　　　　　6．骨粗鬆症予防（骨を丈夫にする）
　　7．動脈硬化予防　　8．脂肪燃焼促進効果　　　9．大腸癌予防
　　10．特にない　　　11．その他（　　　　　　　　　　　　）

〈「嫌い」と答えた方のみ〉
Q19. 納豆が嫌いな理由は何ですか（複数回答可）．
　　1．におい　　2．味　　　　3．食感　　4．粘り（ネバネバ）　5．食べる習慣がない
　　6．家族が嫌い　7．特にない　8．その他（　　　　　　　　　）

〈全員お答えください〉
Q20. 特定保健用食品を知っていますか．
　　1．知っている　　　2．知らない

Q21. 納豆にも特定保健用食品があるのを知っていますか．
　　1．知っている　　　2．知らない

　　　　　　　　　　お疲れ様でした．
　　　　　　長い質問調査にご協力いただき，ありがとうございました．

第6章　官能評価とアンケート調査

第7章

製品開発事例

1. 低臭納豆の開発

　納豆の消費量には伝統的に地域差があり，関東，東北を中心とした東日本に比べ，京阪神地方を中心とした西日本では消費量が少ない．西日本で納豆の消費が増えない理由は，周知のとおり，納豆独特のネバネバと臭いにある．特に臭いは，大きな要因となっており，我々が大阪で実施した消費者調査でも，50％以上の人が納豆の臭いが気になると回答している．そこで，主に西日本での消費拡大を狙い，低臭納豆の開発を試みた[1]．

1.1. 香りの標的

　納豆の主な香気成分として，アセトイン，ジアセチル，短鎖分岐脂肪酸，ピラジン類，アンモニア等が知られている．我々が低臭納豆の開発を開始する以前から，低臭納豆開発の試みはなされており，その標的はアンモニアであった．しかし，適正な条件で生産され，温度管理された納豆では，アンモニア臭はほとんど感じられない．我々は，正常品質の納豆の臭いに影響を与えているという観点から短鎖分岐脂肪酸（特にイソ酪酸，イソ吉草酸，2-メチル酪酸，以後 bcfa と略す）に注目し，その低含有納豆の開発を試みた．

1.2. bcfa 低生産納豆菌の開発

　納豆菌と同種の微生物である枯草菌について報告されている知見を参考に[2]，bcfa は，分岐脂肪酸の合成系を介し，バリン，ロイシン，イソロイシンから合成されると推測した（図7-1）[3]．そして，その第1ステップを触媒す

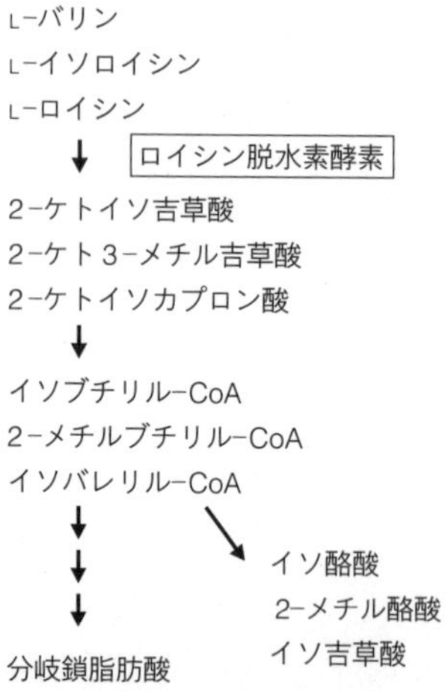

L-バリン
L-イソロイシン
L-ロイシン
　↓　ロイシン脱水素酵素
2-ケトイソ吉草酸
2-ケト3-メチル吉草酸
2-ケトイソカプロン酸
　↓
イソブチリル-CoA
2-メチルブチリル-CoA
イソバレリル-CoA
　↓　　　　↘
　↓　　　　イソ酪酸
　↓　　　　2-メチル酪酸
分岐鎖脂肪酸　イソ吉草酸

図7-1　短鎖分岐脂肪酸の合成経路

表7-1　納豆中の短鎖分岐脂肪酸含量[1)]

菌株	短鎖分岐脂肪酸 (mg/100 g)		
	イソ酪酸	イソ吉草酸	合計
O-2	40.0	30.7	70.7
B2	0.3	0.4	0.7
N46	検出されず	検出されず	検出されず
N64	2.0	2.0	4.0
N103	0.6	0.4	1.0

HPLC分析においてピークが重なるため，イソ吉草酸と2-メチル酪酸の総量をイソ吉草酸量として表した．

るロイシン脱水素酵素（LDH）の遺伝子を欠損させるとことにより，bcfa低生産納豆菌を分離することとした．

相同組み換え法および納豆菌ファージφBN100を用いた形質導入法を用い[3,4)]，納豆菌O-2株のLDH遺伝子を欠失させた．その結果得られたB2株は，LDH遺伝子ほぼ中央部の237 bpを欠失しておりLDH活性を欠失している．B2株を用いて製造した納豆のbcfa含量は，親株であるO-2株を用いて製造した納豆に比べて，非常に低かった（B2株：0.7 mg/100 g 納豆，O-2株：70.7 mg/100 g 納豆）（表7-1）．この結果，LDH欠損株であるB2株を用いることによりbcfa低含有納豆を生産できることが明らかになった．

1.3. bcfa低含有納豆の品質評価

B2株を用いて製造した納豆は，官能検査による評価において，外観，糸引き，味，食感に関し，市販の納豆種菌（宮城野菌）用いて製造した納豆と同等の品質を有しており，商品として販売するにたる品質基準を満たしていた．一方香りに関しては，bcfa含量が非常に低いため，市販の納豆種菌で作った納豆に比べ納豆独特の臭いが明らかに弱かった．この結果，B2株を用いて製造した納豆は，納豆としての基本的な品質を保持し，かつ臭いが少ないという「低臭納豆」のコンセプトを実現していることが確認できた．

1.4. 商品化に向けて

　B2 株が分離できたことにより，低臭納豆の商品化が可能になった．しかし，B2 株の使用に関しては，マーケティング的な問題が存在した．B2 株は，外来遺伝子を含んでいないため，遺伝子組換え菌ではない．しかし，その分離の過程で，遺伝子組換え法を用いている[1]．この「遺伝子組換え法を利用したが，遺伝子組換え菌ではない」という事実を，消費者に正しく伝えることはかなり難しいと考えられた．一方，本商品の開発を行なっていた時期は，遺伝子組換え食品の表示制度がスタートした時期と重なり，遺伝子組換え大豆への不安感から，納豆の消費が現実に落ち込みつつあった．

　これらの事情から，B2 株と同じ LDH 欠損株を変異法で分離し直し低臭納豆の工業生産に使用することとした．変異法を採用したのは，変異法の方が，従来から食品分野で使用されている育種法であり，消費者の拒否感が少ないと考えたからである．

　LDH 欠損株のスクリーニングは，LDH 欠損株が生育に bcfa を要求するという性質を利用して行なった．変異処理した O-2 株から，bcfa 要求性，納豆生産適性，LDH 活性の有無を指標として 3 株（N46，N64，N103）の LDH 欠損株を得た．これらの株を用いて製造した納豆は何れも bcfa 含量が低く，官能的にも B2 株を用いて製造した納豆と同等のものであった（表 7-1）．これら 3 変異株から最終的に N64 株を選択した．N64 株は，3 株の中で，香りを含めた納豆としての総合的な品質が最も優れていたからである．

1.5. 「金のつぶ・におわなっとう」

　2000 年 3 月，N64 株を用いた低臭納豆「金のつぶ・におわなっとう」を上市した．「金のつぶ・におわなっとう」は，納豆の臭いが苦手な方でもおいしく食べられる「初心者向き納豆」としてだけでなく，食後の口臭を気にせず食べられる「便利な納豆」として広く市場に受け入れられ，現在（株）ミツカンの主力商品に育っている．

【文　献】

1）竹村浩・安藤記子・塚本義則：「食科工」47，2000，773-779．

2）屋宏典：「栄食誌」49，1996，259-268．

3）竹村浩：「生物工学」82，2004，116-117．

4）Stahl, M. L. and E. Ferrari：*J. Bacteriol.*, 158, 1984, pp411-418.

5) Nagai, T. and Y. Itoh : *Appl. Environ. Microbiol.*, 63, 1997, pp4087-4089.

(竹村　浩)

2. 発酵コラーゲン納豆の開発

2.1. 開発発想の原点

　納豆の商品購入決定者はほとんどが女性である．その購入者が買いたくなるような商品をぜひ開発したいと当時の社内の「女性商品開発委員会」のメンバーは考えた．そんな中から開発コンセプトとして「食べてキレイになれる納豆」が浮上した．そこで，消費者に認知されている「キレイ」は何だろうかという調査から開始した．

2.2. 消費者調査の開始

　消費者の認知度として高い「キレイ」成分は，日経の調査によるとカテキン（97.5 %），青汁（92.7 %），コラーゲン（92.5 %），イソフラボン（85.1 %），大豆ペプチド（74.4 %）等であった．イソフラボン，大豆ペプチド，ナットウキナーゼ（63.9 %）などの納豆関連成分よりも「コラーゲン」の認知度の方が高かった[1]．

2.3. 規格設定

　コラーゲンそのものは認知度が高いことを踏まえ，日配食品である「納豆」で食べることができれば，まさに開発コンセプトである「食べてキレイになる納豆」である．コラーゲンを用いた商品はすでにこの時点で色々発売されており，納豆メーカーでも3社あまり市場に出ていた．もちろん「ドリンク」「サプリ」「菓子」など他の業界の食品は多くみられ価格，容量，コラーゲン含有量も多様であった．同じ商品であれば，納豆の「タレ」にコラーゲンを添加する方法だけでなく更なる「差別化」が必要と感じられた．またコラーゲン量についても，1日に壊されるコラーゲンの量が 1000～4000 mg といわれており，その半分を食物から摂るとして「2500 mg／1 パックで摂れる」との商品規格の方向性が固まった．

　それを受けて納豆本体の 50 g にコラーゲンペプチドが 1000 mg，タレに

表 7-2 納豆菌によるコラーゲンペプチドの低分子化

	分子量 3000 以上	分子長 3000 未満
培養前	87%	13%
培養後	52%	48%

表 7-3 納豆とコラーゲンの相乗効果

コラーゲンの機能性	納豆の機能性
美容効果 (保湿・弾力性向上)	皮膚の新陳代謝を促す (ビタミン B_2) 細胞の老化を防ぐ (ビタミン E) 女性ホルモンに関る (イソフラボン)
骨形成促進	骨の材料となる (カルシウム) 骨の形成を助ける (ビタミン K_2) 骨粗しょう症に関与 (イソフラボン)
血圧上昇抑制	血栓を溶かす (ナットウキナーゼ)

1500 mg 入りと規格が決まった.

2.4. 商品の特徴

1) 納豆菌に働いてもらいコラーゲンペプチドの分子量を小さくし,機能性を高めかつ吸収をしやすくすることはできないか? ⇒コラーゲンペプチドの低分子化 (表 7-2). 特許を取得 (特許第 3737822 号).
2) 「納豆」と「タレ」の両方からコラーゲンを摂取できる. また,コラーゲンと納豆のもっている効果を生かし相乗効果を期待できる商品にする (表 7-3).
3) 「ヒト試験」を行ない効果についての実感を得た. ただし薬事法の規制があるので商品には記入できない.

2.5. ヒト摂取試験

下記のように専門の検査実施機関で,かつ専門医の指導のもとに行なった.

1) 試験期間:2005 年 5 月 27〜7 月 29 日 (9 週間)
2) 試験機関:(株) TTC,デーミスリサーチ・センター (株)
3) 試験方法:モニターを 10 名前後の 4 グループに分け,9 週間毎日 1

パック納豆を食してもらい肌の状態の変化を日誌に記入してもらう．さらに専門医による診察や測定も実施した．
4) 次の4グループに分けるが，モニターにはどの商品を食べているのかは知らせていない．A：発酵コラーゲン納豆，B：発酵コラーゲン納豆（タレなし），C：普通の納豆，D：納豆を食べないグループ．

その結果，「角層水分量」，「皮膚の柔軟性」，「弾力性」の項目が摂取の週が経過するほどに上昇傾向が見られ増加の傾向は確認できた．

水分量：「腕」の部分において摂取前に比べてA群（コラーゲンペプチド納豆）は優位な増加があった．

粘弾性：「頬」・「腕」部ともに柔軟性，弾力性とも良好な変動が見られた．9週では優位差がみられた．

また，問診，アンケート，日誌などの自覚症状からは肌の潤い，スベスベ感，肌のつや，化粧のり，肌の柔らかさ等の肌の改善や，爪や毛髪が強くなる等の効果がみられ（図7-2），これはコラーゲン配合量依存的であることも示唆された．

以上の結果から，通常納豆の摂取のみでも改善効果がみとめられたがコラーゲンペプチド配合納豆を摂取することによりさらに効果があることが示唆された．

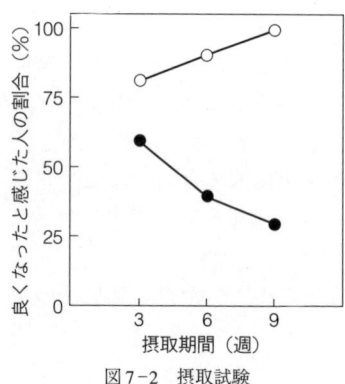

図7-2 摂取試験
問診による肌の改善効果の自覚症状．
○：コラーゲン納豆摂取群（A群），●：通常納豆摂取群（C群）．以前より良くなった人の割合を示す．A，B群とも悪くなったとの回答はなく，残りは変化なしと回答．

2.6. 販売促進

1) 論文（日本機能性食品医学学会等に）発表[3,4]
2) 口コミプロモーション
3) 弊社ホームページでの紹介
4) 主婦層をターゲットにした雑誌への広告掲載．「OZマガジン」，「オレンジページ」，「レタスクラブ」等に掲載
5) 店舗販促はマネキンの活用，サンプル納品，「手配りチラシ」の配布
6) テレビでのコマーシャル（07年5〜6月）

【文　献】

1)「日経新製品レビュー」No. 78, 2005. 1. 31.
2) 藤本大三郎：『老化のメカニズムと制御』アイビーシー出版, 1993, 465.
3) 赤田圭司・田谷有紀・川根政明ら：「機能性食品と薬理栄養」4, 2006, 23-27.
4) 赤田圭司・田谷有紀・川根政明ら：「薬理と治療」34, 2006, 1259-1265.

（鵜飼紀幸）

3. 黒豆納豆の開発

　黒大豆の種皮に含まれる色素であるアントシアニンは，ポリフェノールの1種で，活性酸素の生成を抑制する抗酸化作用をもつことが報告されている．また，黒豆納豆は市販されている通常の黄大豆納豆に比べ納豆特有の臭いが少ないため，納豆の臭いが嫌いな消費者にも受入れられる商品と考えられた．
　納豆の粒径は極小粒・小粒・中粒・大粒と様々だが，消費者の嗜好は小粒・極小粒が約7割を占めている．しかし，国内産の黒大豆は，丹波黒・光黒・いわいくろなどに代表されるように大粒以上の粒径となっている（表7-4）．
　1997年，小粒種黒豆での納豆商品化の企画がスタートし，2004年には市販に至った（図7-3）．

3.1. 原料大豆の育種

　黒千石大豆は北海道在来種で，昔は緑肥作物や軍馬の飼料として栽培されていたが，1970年代以降は生産されていない状態であった．大きさは百粒重が

表7-4　品種別の百粒重

	品種名	百粒重（g）
黒大豆	丹波黒	83.7
	いわいくろ	46.1
	光黒	36.7
	黒千石	11.4
対照	スズマル	13.9
	納豆小粒	10.9

図7-3　黒大豆納豆

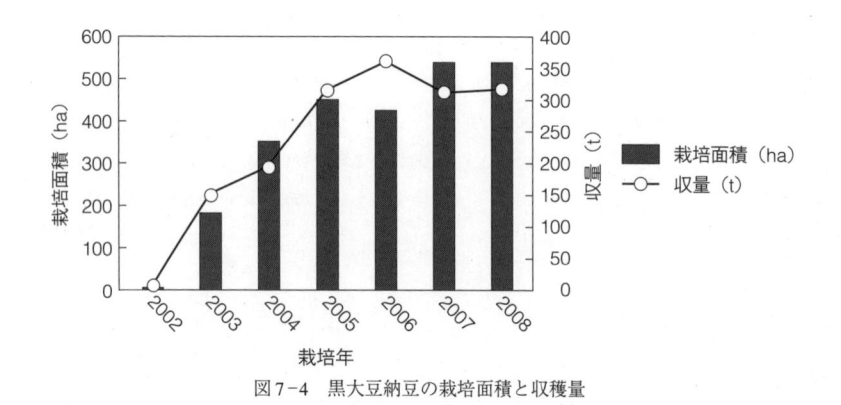

図7-4 黒大豆納豆の栽培面積と収穫量

11.4 g程度と小粒種であり（表7-4），種皮には光沢があり，胚乳は緑色をしている．

2001年，35年間冷凍保存されていた50粒から28粒が発芽し，採取された種で2002年より契約栽培が始まった．黒千石大豆は栽培が難しく，栽培当初は天候の影響もあり，なかなか収量が伸びずにいたが，農協・農家の方々の研究と努力のおかげで生産量も着実に伸びてきている（図7-4）．

3.2. 納豆製造
(1) 種皮の色抜け防止
黒大豆の場合，種皮の色が浸漬・蒸煮工程で抜けてしまい，蒸煮後，小豆のような赤褐色になってしまう．そこで種々の検討の結果，以下の最適条件を見いだした．

浸漬水の水量調整：必要最低限水量
浸漬水温の低温化：浸漬終了時16℃以下
蒸煮工程での蒸気量減少：黄大豆の2/3程度

(2) 醗酵調整
黒大豆は黄大豆に比べ，納豆菌の増殖が緩やかで糸引きが弱い傾向にある．そのため，納豆菌の接種量や醗酵条件の検討を行ない，以下のような条件を見いだした．

納豆菌接種量：黄大豆の1.5倍
醗酵条件調整：黄大豆に比べ室温＋2〜＋1℃

3.3. 添付品

　添付たれには，黒豆納豆と同じく黒千石大豆を原料として時間をかけてつくられたこだわりの醤油を使用した．通常の納豆は，たれ（醤油ベース）にからしの組み合わせである．しかし，黒千石大豆納豆の場合，黒豆の風味をからしが消してしまう．試行錯誤の結果，わさびを入れることで黒豆の風味・甘味を際立たせることができた．

（角野政裕）

4. 特許概要

　特許電子図書館（http：//www.ipdl.inpit.go.jp/Tokujitu/tokujitu.htm）で特許検索すると製品開発競争を窺い知ることができる．「納豆」をキーワードにして公開特許公報の「要約・請求の範囲」のテキスト検索を行なうと，875件ヒットする．これは「味噌」の820件，「醤油」の1328件と比べて少なくはない（2009年6月現在）．産業上利用可能な新規性・高度な進歩性を有する発明に独占排他権を付与することによって技術革新，産業振興を図ることが特許権の目的である．同様に法的に保護される知的財産には，実用新案権，意匠権，商標権，新品種育成者権，著作権，回路配置利用権がある．この中で，ブランド名として活用される商標は食品開発において重要である．2006年4月には地域名と普通名称を組み合わせた「地域団体商標制度（商標法第7条の2）」が始まり，"仙台みそ"のように地域ブランド化している例も多い（http：//www.jpo.go.jp/seido/s_shouhyou/chiiki_video.htm）．特許庁ホームページによると，2009年6月までに納豆に関連して取得された地域団体商標はないようである（http：//www.jpo.go.jp/cgi/link.cgi?url＝/torikumi/t_torikumi/t_dantai_syouhyou.htm）．

　なお検索された特許情報の中には出願されただけで審査請求されていないものも多い．これらは防衛的な意味合いが強い特許出願と思われる．

　特許検索はインターネット接続するだけで誰でも簡単に無料で行なうことができる．日々，データが更新されているので，最新の情報は直接特許電子図書館で検索を行なって確認できる．

　上記の検索ヒットの875件から，2000年以降2009年3月までに登録された特許を抽出したところ，大きく分けて3つに分類された．一番件数が多いの

は，納豆の製造法に関する特許であった．納豆菌の利用法，納豆菌の代謝産物に関する特許がそれに続く．

4.1. 納豆製造に関するもの

51件あった（2009年6月現在の検索）．内訳はおよそ以下のとおり．
- ・納豆容器に関するもの17件
- ・種菌開発に関するもの6件（セルラーゼ，プロテアーゼ，臭気低減，ファージ耐性など）
- ・"変わり納豆"に関するもの16件（オリゴ糖，カテキン，アルコール，酵母，発芽玄米などの添加納豆，凍結乾燥納豆，イカ・たこ入り納豆，刻み納豆，漬物納豆など，実用化されたかどうかは不明）
- ・製造装置に関するもの3件

容器に関する特許が多い．PSP（発砲ポリスチレン）容器，紙容器ともに多くの特許が登録されている．量販店で販売されている30～50g入りの小型容器は，納豆の発酵・熟成，運搬・流通，貯蔵の全期間で使用される．そのため，適度な通気性・密閉性をもち，運搬に耐えうる強度をもつことが必要である．容器の材料・材質だけではなく，その形状・デザイン，フィルム包装法など，非常にきめ細かな製品開発がなされている．容器開発競争が激しく，対象が特許化しやすいことを示している．

バクテリオファージへの耐性，臭気の低減など，種菌の性質を改良した特許も散見される．

4.2. 納豆菌の利用に関するもの

24件あった（2009年6月現在の検索）．内訳はおよそ以下のとおり．
- ・納豆菌の培養液エキスに関するもの13件
- ・生麦やグアバ，茶葉の発酵，飼料製造，糞尿処理への納豆菌利用に関するもの6件
- ・菌体そのものの生剤としての利用に関するもの2件

乳酸菌やビフィズス菌などと組み合わせて整腸作用をもつ生物剤として納豆菌を利用する特許が登録されている．

4.3. γ-ポリグルタミン酸,ビタミンK,ナットウキナーゼなどの納豆菌生産物に関するもの

11件あった(2009年6月現在の検索).内訳はおよそ以下のとおり.
- γ-ポリグルタミン酸に関するもの6件
- ビタミンK生産に関するもの2件
- γ-ポリグルタミン酸分解酵素に関するもの1件(洗浄用)

巻末の成分表で納豆にビタミンKが非常に多いことが示されている.原料大豆に含まれるビタミンKは微量であるので,そのほとんどすべてが納豆菌代謝産物である.納豆菌培養液からビタミンKを回収する方法特許が登録されている.乳化食品の酸化防止剤として低分子化したγ-ポリグルタミン酸を利用する特許も見られる.独創的な特許として,「食器等についた納豆粘着物質の除去用酵素製剤」が登録されている.旅館や外食産業,介護施設,あるいは食品加工製造業等においては,食器等に付着した納豆粘着物質を洗い落とすことは容易でない.しかし,粘着物質γ-ポリグルタミン酸分解酵素剤を使うことで簡単に洗い流すことができる.

(木村啓太郎)

資料　だいずとだいず発酵

	エネルギー	エネルギー	水分	たんぱく質	脂質	炭水化物	灰分	ナトリウム	カリウム	カルシウム	マグネシウム
	kcal	kJ	g	g	g	g	g	mg	mg	mg	mg
だいず/全粒/国産, 乾	417	1745	12.5	35.3	19	28.2	5	1	1900	240	220
だいず/全粒/国産, ゆで	180	753	63.5	16	9	9.7	1.8	1	570	70	110
だいず/全粒/米国産, 乾	433	1812	11.7	33	21.7	28.8	4.8	1	1800	230	230
だいず/全粒/中国産, 乾	422	1766	12.5	32.8	19.5	30.8	4.4	1	1800	170	220
だいず/全粒/ブラジル産, 乾	451	1887	8.3	33.6	22.6	30.7	4.8	2	1800	250	250
だいず/糸引き納豆	200	837	59.5	16.5	10	12.1	1.9	2	660	90	100
だいず/挽きわり納豆	194	812	60.9	16.6	10	10.5	2	2	700	59	88
だいず/五斗納豆	227	950	45.8	15.3	8.1	24	6.8	2300	430	49	61
だいず/寺納豆	271	1134	24.4	18.6	8.1	31.5	17.4	5600	1000	110	140
だいず/テンペ	202	845	57.8	15.8	9	15.4	2	2	730	70	95

	γ-トコフェロール	δ-トコフェロール	ビタミンK	ビタミンB₁	ビタミンB₂	ナイアシン	ビタミンB₆	ビタミンB₁₂	葉酸	パントテン酸	ビタミンC
	mg	mg	μg	mg	mg	mg	mg	μg	μg	mg	mg
だいず/全粒/国産, 乾	14.4	8.2	18	0.83	0.3	2.2	0.53	0	230	1.52	Tr
だいず/全粒/国産, ゆで	6	3.4	7	0.22	0.09	0.5	0.11	0	39	0.29	Tr
だいず/全粒/米国産, 乾	15.1	5.6	34	0.88	0.3	2.1	0.46	0	220	1.49	Tr
だいず/全粒/中国産, 乾	18.5	8.1	34	0.84	0.3	2.2	0.59	0	260	1.64	Tr
だいず/全粒/ブラジル産, 乾	20.3	6.4	36	0.77	0.29	2.2	0.45	0	220	1.68	Tr
だいず/糸引き納豆	5.9	3.3	600	0.07	0.56	1.1	0.24	Tr	120	3.6	Tr
だいず/挽きわり納豆	9	5.4	930	0.14	0.36	0.9	0.29	0	110	4.28	Tr
だいず/五斗納豆	6.2	1.7	9	0.08	0.35	1.1	0.19	―	110	2.9	Tr
だいず/寺納豆	7.6	2.6	9	0.04	0.35	4.1	0.17	―	39	0.81	Tr
だいず/テンペ	8.5	4	11	0.07	0.09	2.4	0.23	0	49	1.08	Tr

可食部100g当たりに含まれる成分を表す. 上記すべての食品について廃棄率は0％.
―：データ無し，0：最小記載量の1/10未満または未検出，Tr（トレース）：含まれているが最小記載量に達して
五斗納豆：納豆に食塩を加え更に米麹で発酵させた納豆
寺納豆：大豆に食塩を加え麹で発酵させたもの（糸引き納豆とは異なる）
テンペ：大豆をクモノスカビで発酵させたもの（糸引き納豆とは異なる）
五斗納豆，寺納豆およびテンペの詳細は「納豆の科学―最新情報による総合的考察―」（建帛社）を参照．
本食品成分値は，文部科学省科学技術・学術審議会資源調査分科会報告「五訂増補日本食品標準成分表」および
技術振興機構，http://fooddb.jp/ を検索して作られています．本表の掲載は文部科学省の許可を受けています．本
がありますので，文部科学省科学技術・学術政策局政策課資源室（E-mail：kagseis@mext.go.jp）にお問い合わせ

食品の成分分析表（抜粋）

リン	鉄	亜鉛	銅	マンガン	レチノール	α-カロテン	β-カロテン	クリプトキサンチン	β-カロテン当量	レチノール当量	ビタミンD	α-トコフェロール	β-トコフェロール
mg	mg	mg	mg	mg	μg	μg	μg	μg	μg	μg	μg	mg	mg
580	9.4	3.2	0.98	1.9	0	0	6	0	6	1	0	1.8	0.7
190	2	2	0.24	—	0	0	3	0	3	Tr	0	0.8	0.3
480	8.6	4.5	0.97	—	0	0	7	0	7	1	0	1.7	0.4
460	8.9	3.9	1.01	—	0	0	9	0	9	1	0	2.1	0.7
580	9	3.5	1.11	2.54	0	0	15	0	15	1	0	4.8	0.7
190	3.3	1.9	0.61	—	0	—	—	—	0	0	0	0.5	0.2
250	2.6	1.3	0.43	1	0	0	0	0	0	0	0	0.8	0.3
190	2.2	1.1	0.31	0.75	0	—	—	—	0	0	0	0.6	0.2
330	5.9	3.8	0.8	1.7	0	—	—	—	0	0	0	0.9	0.3
250	2.4	1.7	0.52	0.8	0	—	—	—	1	Tr	0	0.8	0.2

飽和脂肪酸	一価不飽和脂肪酸	多価不飽和脂肪酸	コレステロール	水溶性食物繊維	不溶性食物繊維	食物繊維総量	食塩相当量	脂肪酸総量	16:00 パルミチン酸	18:00 ステアリン酸	18:01 オレイン酸	18:02 n-6 リノール酸	18:03 n-3 α-リノレン酸
g	g	g	mg	g	g	g	g	g	mg	mg	mg	mg	mg
2.59	3.66	10.41	Tr	1.8	15.3	17.1	0	16.66	1900	550	3600	8600	1800
1.22	1.73	4.93	(Tr)	0.9	6.1	7	0	7.89	910	260	1700	4100	850
3.13	4.19	11.71	Tr	0.9	15	15.9	0	19.03	2200	790	4100	10000	1700
2.63	3.38	11.09	Tr	0.9	14.7	15.6	0	17.1	1900	690	3400	9100	2000
3.14	5.02	11.13	(Tr)	1	16.3	17.3	0	19.29	2200	670	4900	9900	1200
1.47	1.9	5.39	Tr	2.3	4.4	6.7	0	8.77	1000	370	1900	4700	740
1.47	1.9	5.39	0	2	3.9	5.9	0	8.77	1000	370	1900	4700	740
1.13	1.22	4.26	0	2	2.9	4.9	5.8	6.62	790	270	1200	3600	700
1.01	1.1	3.7	0	1.6	6	7.6	14.2	5.81	750	200	1100	3100	600
1.2	1.61	4.69	0	2.1	8.1	10.2	0	7.5	820	310	1600	4000	720

いない，( )：推定

「五訂増補日本食品標準成分表　脂肪酸成分表編」を基に作製された食品成分データベース（独立行政法人 科学表から食品成分値を複製または転載する場合は事前に文部科学省への許可申請もしくは届け出が必要となる場合下さい．

索 引

●数字・欧字●

16S rDNA	9
1,7-ジアミノヘプタン	141, 142
Bergey' Manual	9
BLAST 解析	10
CBD	27
DAPI 染色	176
DGGE	174
DNA 抽出	111, 114, 121
DNA 濃度の測定	115
DNeasy® Plant Maxi kit	111
Excel	183
FISH	173
F 検定	184
F-キット	79
GC-MS	122, 123
──GC-MS/MS	122, 123
──一斉試験法	122-127
GC カラム	83
GC クランプ	175
Gly m Bd 30 K（GM30K）	163
GM	109
──quicker 3	114
──30K（Gly m Bd 30 K）	163
──食品	110
HACCP	93
ICP 質量分析法	150
ICP 発光分光分析法（ICP-AES）	132, 149
IS$4Bsu$1	13
JAS 分析試験ハンドブック	117
L*a*b*表色系	91
LC-MS	124, 126, 127, 129
──/MS	124, 126, 127, 129
──一斉試験法	124, 127, 128
MOU	29
MTA	29
NBP 寒天培地	1
PCR	115
──-DGGE	173, 174
RAPD	9, 11
──-PCR	45
Retention Index	81
RIA 阻害法	171
SPME 法	80
SPSS	183
STS 特異的プライマー	12
t 検定	184
T-RFLP	173
XYZ 表色系	89
X 線異物検査装置	108
γ-ポリグルタミン酸	133

●あ 行●

アガロースゲル電気泳動	118
アグリコン換算係数 K$_2$	139
圧縮試験機	86
アレルゲン	163
──性低減化食品	164
アンケート調査	181
アンスロン硫酸法	77

203

アントシアニン	195	カタラーゼ反応	5, 41
イソフラボン	136, 192	カビサイジン	40
市場	35, 38	貨幣	34
一律基準	122	簡易同定	41
一斉分析法	122	乾式灰化法	149
一般的衛生管理	93	漢族	38
遺伝子組換え	17	官能検査	177
──食品	109	官能評価	177
遺伝資源	27	規格設定	192
異物混入	108	聞き取り	35
異物除去法	107	吸水率	64
イムノブロッティング	167	菌液の調製	54
色抜け防止	196	菌株識別	9, 11
ウェスタンブロッティング法	167	菌種推定	9
液体クロマトグラフ−質量分析計	124, 127	クエン酸・プロピオン酸の資化性	6
塩化ナトリウム存在下における増殖	8	グラム染色	4, 41
オオチョウバエ	97	クローンライブラリー	173
オストワルド粘度計	88	クロス・フロー式発酵室	48
		黒千石大豆	195, 197

●か 行●

解析法	178	黒大豆	195
海賊的行為	28	形質転換	17
回転蒸煮缶	66	形質導入	23
ガイド	33	形状指数	62
──ブック−lonely planet	32	ケルダール法	165
開発発想	192	嫌気性菌	173
角質水分量	194	嫌気培養	173, 174
各種配糖体の換算係数 K_1	139	原子吸光法	150
荷重─変位曲線	86	検量線	123, 126, 129
ガスクロマトグラフ	80	恒温器	50
──質量分析計	122	抗原性・アレルゲン性の変化	164
──分析	152	抗GM30K抗体	167
ガス計測	57	酵素生産性	44
		コラーゲン	194

──ペプチド	192, 194
コロニー形態	44
コンタミネーション	110

●さ 行●

サーマルサイクラー	116
作業区域	105
サクシニル化配糖体	136, 137
サザンブロッティング	21, 104
殺虫剤	101
サポニン	143
サルモネラ	92
酸素消費率	57
残留基準	122
残留農薬	122
色差計	68, 89
色調	89
自主基準	61
湿式分解法	146
自動納豆製造装置	54
脂肪酸	151
写真	36
熟成	53
硝酸塩還元性	7
ショウジョウバエ類	97
少数民族	38
消費者調査	192
食品衛生法	122
試料採集	35
水分計	63
スターター	15
──接種	52, 55
ストラバイト	130

スペルミジン	140-142
スペルミン	140-142
スラブ式ポリアクリルアミドゲル電気泳動装置	169
清潔度別	105
清掃	101
性フェロモントラップ	99
生物多様性	27
──条約	27
セチルトリメチルアンモニウムブロミド	133
接種	55
セレウス菌	93
線形領域	86
全国納豆協同組合連合会（全納連）	47
洗浄・殺菌	106
線溶活性	160
総窒素定量	165
挿入配列	13, 20
ソモギー変法	73

●た 行●

ダイザー	63
大豆アレルギー	163
──患者の血清	170
ダイズ原料の分析法	120
大豆浸漬	50, 55
大豆洗浄	50
大豆蒸煮	51, 55
大腸菌	92
短鎖分岐脂肪酸	189
地域団体商標	197
地球サミット 2002	30
地図 – Nells Map	32

中国地図の特徴	37
調査票	182, 185-187
腸内菌叢	173
チリメン状被膜	16
チロシン結晶	130
低温貯蔵	98
低臭納豆	189
定性PCR	115
定量（的）PCR	121, 173
統計処理法	183
豆鼓	37
動的粘弾性試験	88
道路事情	33
特許	197
特許概要	197
突然変異法	13
ドットブロッティング	167
トリテルペン	143
トロンボエラストグラフィー	162
トロンボテスト	161

●な 行●

納豆官能評価表	179
ナットウキナーゼ	158, 192
納豆粘質物	88, 133
納豆の洗浄・粉砕	110
納豆の臭い物質	84
納豆の分析法	110
納豆発酵	53
認証標準物質	150
粘質物	133
農作物規格規程	61
ノシメマダラメイガ	96, 97
ノミバエ類	97

●は 行●

バイオパイラシー	28
バクテリオファージ	23, 102, 104-106
発芽率	64
発酵	53, 56
発酵室	47
半沢式納豆製造法	47
判定基準	180
ピークホールド機能	67
ビタミンK	154
ヒト摂取試験	193
皮膚の柔軟性	194
標準物質	121
ビルレントファージ	104
ファージ（→バクテリオファージ）	
フィロキノン	154
フェロモントラップ	98, 99
不快味	143
プトレスシン	140-142
プラスミド	18-20
プログラム制御式-冷蔵庫兼用型自動納豆発酵室	48
プロトロンビン	161
文化室	47
分離法	1
平板混釈法	2
平板塗抹法	2
ベルトラン法	75
変異処理	13
胞子	15
ポリアミン	140-142

ポリトロンホモジナイザー	165
ボン・ガイドライン	27

●ま 行●

マイクロシリンジ	82
三浦二郎	47
ミネラル	146
メタゲノム解析	173
メチルエステル化	152
メナキノン-7	154

●や 行●

誘導結合プラズマ発光分光分析	132
容器	198

●ら 行●

リアルタイム PCR	121, 175
冷却塔・クーリングタワーシステム発酵室	49
レオメーター	67
劣化納豆	132
レバン	135
連続式発酵室	48
ロイシン脱水素酵素	190

納豆の研究法

2010年3月10日 初版1刷発行

木内 幹 監修
永井利郎・木村啓太郎・
小高 要・村松芳多子・
渡辺杉夫 編

発行者　片岡一成
印刷所・製本所　株式会社シナノ
発行所　株式会社恒星社厚生閣

〒160-0008　東京都新宿区三栄町8
TEL：03(3359)7371（代）
FAX：03(3359)7375
http://www.kouseisha.com/

（定価はカバーに表示）

ISBN978-4-7699-1210-1 C3058